하이젠베르크의
양자역학

국립중앙도서관 출판예정도서목록(CIP)

하이젠베르크의 양자역학, 불확정성의 과학을 열다
/ 지은이: 이옥수, 그린이: 정윤채. — 서울 : 작은길출판사, 2016
p. ; cm

권말부록: 함께 읽으면 좋은 책
"베르너 하이젠베르크 연보"와 색인수록
ISBN 978-89-98066-17-8 04420 : ₩16000
ISBN 978-89-98066-13-0 (세트) 04400

하이젠베르크(인명)[Heisenberg, Werner Karl]
양자 역학[量子力學]
불확정성 원리[不確定性原理]

420. 13-KDC6 CIP2015026112
530. 12-DDC23

하이젠베르크의 양자역학

불확정성의
과학을 열다

이옥수 글 | 정윤채 그림

작은길

역사를 공부하는 이유는 단순하다. 과거는 현재의 거울이고, 현재는 미래의 거울이기 때문이다. 과학사도 마찬가지다. 우리가 과학사를 공부하는 이유는 단순히 지식을 늘리는 것에 그치지 않고 행간 사이사이 첩첩이 쌓여 있는 선인들의 지혜를 나의 삶에 녹여 사용하기 위해서다. 역사가 결국 인물과 인물의 연결로 서술되듯이 과학사 역시 과학자와 과학자의 연결로 읽을 수 있다. 과학사는 분명 역사의 한 분과에 지나지 않지만, 역사를 좋아한다고 과학사를 쉽게 읽을 수 있는 것은 아니다. 과학자가 성취한 과학적 사실 또는 과학적 사고체계와 같은 진보의 실체를 이해하는 게 쉬운 일이 아니기 때문이다. 그래서인지 과학사나 과학자의 일생을 다룬 책은 대부분 과학 발전에 미치는 의미를 다룰 뿐 그 실체를 알려 주지 않는다. 그런 것은 과학책에서 보라는 식이다.

그렇다면 과학책을 보면 해결이 될까? 아니다. 대부분의 과학책은 하늘에서 뚝 떨어진 듯한 과학적인 사실만을 알려 준다. 그런데 단순한 과학적 사실마저도 이해하기가 어렵다. 원래 과학이 어렵기 때문이다. 역사도 어렵고, 철학도 어렵고, 미술도 어렵다. 과학은 유난히 더 어렵다. 과학은 우리의 일상 언어가 아닌 다른 언어로 진술되기 때문이다. 수학과 물리 공식, 온갖 화학식과 그래프가 필요하다. 이것을 피하다 보면 과학은 사라지고 일화만 남게 된다. 과학 따로 역사 따로. 지금까지의 과학사와 과학 관련 교양서들의 한계가 바로 이것이다. 과학사 책과 과학 책을 나란히 놓고 보면 이 한계를 극복할 수 있을까? 한 가지 방법이긴 하다. 독자의 끈기와 수고로움이 요구되지만 말이다. 그런데 그것은 독자가 할 일은 아니다. 더군다나 독자가 읽어야 할 책이 과학책이라면 그것은 먼저 저자와 출판사의 몫이 되어야 한다. 〈메콤새콤 시리즈〉는 여기에 도전한다. 이 시리즈는 만화라는 양식을 빌어 과학사와 과학을 돌파하고 있다. 주인공과 관련한 일화를 양념으로 삼아, '따로 살림' 차리길 편하게 여겼던 과학사와 과학 그 자체를 본래 그랬던 대로 한지붕 아래 살게끔 불러들인다.

세상은 넓고 익혀야 할 과학적 사실은 많다. 그것을 다 좇아가는 것은 현대사회에서는 불가능하다. 과학을 업으로 삼고 있는 사람도 자기의 좁은 전문분야가 아니면 새로운 지식을 습득하기 어렵다. 과학을 한다는 것은 우주 만물에 대한 세세한 지식을 습득한다는 게 아니다. 그건 그리 의미 있는 일도 아니다. 왜냐하면 '과학적 사실'의 수명이 그리 길지 않기 때문이다. 과학의 발전이란 우리가 알고 있는 과학적 사실이 부정된다는 것을 의미한다. 따라서 과학을 한다는 것은 과학적 사고체계를 습득하는 것이다. 풀어서 말해 보자면, 그것은 열린 지성의 토대 위에 물질관과 세계관을 구성해 가는 능력을 기르는 것이다. 과학에 대한 이 같은 정의에 수긍할 수 있다면, 지금의 과학을 만들어 온 토대를 파악하는 일은 전문성의 영역에서 해방된다. 〈메콤새콤 시리즈〉가 19~20세기의 과학적 성과 가운데 현대과학을 이해하는 데 필수적인 업적을 가려뽑고, 그 업적을 대표하는 과학자 10인의 삶과 연구과정 그리고 그들의 연구 결과가 우리 삶에 미치는 영향을 다각도로 살피는 책으로 기획된 이유가 여기에 있을 것이다.

그럼에도 여하튼 결코 쉬운 일은 아니다. 250쪽 안팎의 책으로 그게 가능할까, 하는 기대와 의구심으로 책을 열어 보았는데 〈메콤새콤 시리즈〉는 가능성을 보여 주었다. 만화라는 양식을 취하고 있다고 해서 만만하게 접근할 책이 아니다. 마음의 준비를 단단히 하고 집중해서 읽다 보면 지식과 지혜를 함께 얻을 수 있을 것이다.

이정모(서울시립과학관 초대관장)

인생에는 수많은 만남이 있다. 생각만 해도 미소 짓게 되는 소중하고 즐거운 만남이 있는가 하면, 굳이 떠올리고 싶지 않은 만남도 있으리라. 작은길 출판사와의 만남은 20여 년 동안 고등학교 물리교사로 살아왔던 내게 새로운 도전으로 다가왔다. 걸어 보지 않은 길에 대한 막연한 동경과 설레임으로 『하이젠베르크의 양자역학』 집필을 시작했었다. 집필이 끝나고 긴 시간이 지나, 처음 시작 시점을 떠올려 보는 이 순간에 좋은 기억으로만 충만한 것은 참 다행스러운 일이다.

하이젠베르크에 대해서는 대학시절 전공 수업을 통해 알고 있었지만 그에 대한 이야기를 책으로 쓰기에는 아는 것이 턱없이 부족했다. 그래서 그에 관한 자료와 책들을 찾아 읽으면서 어떻게 글을 써 나가야 할지 방향을 잡느라 고민했던 시간들, 첫 원고를 출판사에 보내고 초조하게 평가를 기다렸던 기억이 떠오른다. 출판을 앞둔 지금도 독자들이 나의 글을 어떻게 받아들일지 걱정 반 기대 반이기는 마찬가지이지만, 이 책을 기획하신 손영운 선생님과 최지영 대표님, 정윤채 만화 작가님의 응원에 힘입어 용기를 내어 본다.

책을 집필하는 동안 하이젠베르크의 물리학적 업적은 쉽게 풀어내고 인간적인 모습은 흥미롭게 다루려고 노력했다. 수식을 가능한 한 사용하지 않으려 노력했고, 물리적 배경 지식이 많지 않아도 편안하게 읽을 수 있도록 하기 위해 여러 차례 검토하였다. 그런 과정을 거치면서 나의 양자역학에 대한 이해의 폭도 좀 더 넓어지는 느낌을 받았고, 나의 성장이 그대로 제자들에게 전해지는 듯하여 행복하기도 했었다. 무엇보다 내가 쓴 글이 한 컷, 한 컷의 만화로 표현되는 것을 볼 때 가장 기뻤다.

많은 노력 끝에 이제 세상에 모습을 드러낼 이 책이 독자들에게 조금이나마 도움이 되었으면 좋겠다. 이 책을 읽고 독자들이 물리를 좀 더 친근하게 느끼고 관심을 가져주었으면 한다. 특히

자라나는 중·고등학교 학생들이 이 책을 많이 읽었으면 하는 바람이 있다. 고등학교 교사로서 학생들이 물리에 관심을 갖고 적극적으로 도전하기를 바라는 마음이 간절하기 때문이다.

미국의 물리학자 리처드 파인만이 양자역학을 완벽하게 이해한 사람은 이 세상에 없을 것이라고 이야기했다. 나 역시 파인만의 말대로 양자역학을 완벽하게 이해하지 못한 한 사람일 것이다. 하지만 독자들이 이 책을 통해 양자역학에 관한 이론들이 어떤 배경에서 만들어지게 되었는지 알게 되면 양자역학에 좀 더 쉽게 접근할 수 있을 것이라고 생각한다. 그리고 양자역학의 문을 열었던 물리학자들도 우리와 똑같이 양자역학의 새로움에 당황해하고 혼란스러워 했음을 알게 되면 조금이나마 위로를 받을 수 있을 것이다.

끝으로 이 책이 나오기까지 도움을 주신 여러 분들께 감사 인사를 드리고 싶다. 먼저 서울과학고 백승용 선생님께 감사드린다. 백승용 선생님 덕분에 작은길출판사와 인연을 맺었고, 지금과 같은 순간을 맞이할 수 있었으니 말이다. 책 내용에 하이젠베르크가 혼자 생각하는 장면이 유난히 많아서 만화로 표현하는 것이 쉽지 않았을 텐데 무난히 잘 소화해서 좋은 그림으로 만들어 주신 만화 작가님에게도 감사드린다. 마무리 작업을 하면서 꼼꼼하게 읽고 검토해 주신 손영운 선생님과 최지영 대표님께도 감사드린다. 그리고 바깥일로 바쁜 엄마를 한결같이 응원해 주는 우리 가족에게도 감사드린다.

2016년 3월
잠실고에서
이옥수

차례

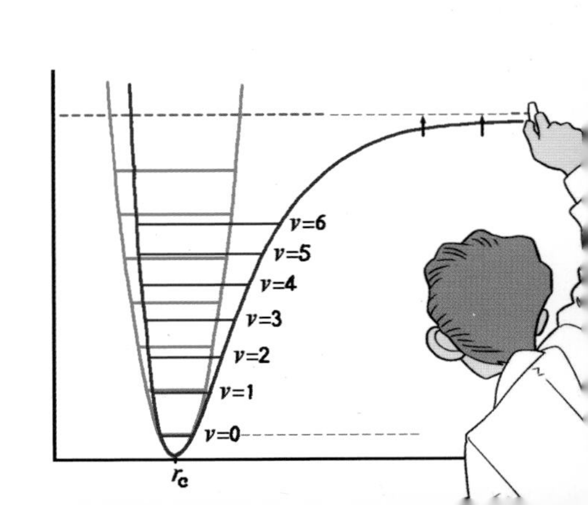
v=6
v=5
v=4
v=3
v=2
v=1
v=0
r_c

Quantum
Mechanics

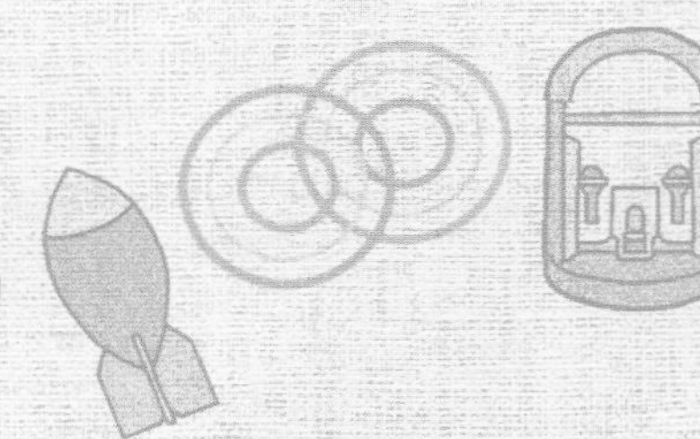

1 원자론과의 만남

물리학을 선택하다

1958년 뮌헨 시 800주년 기념 행사장, 독일 박물관
뮌헨 시 800주년 기념 하이젠베르크 소장 초청 강연

제 고향은 뮌헨이 아닙니다.

제가 태어난 곳은 뷔르츠부르크입니다. 뮌헨에서 꽤 떨어진 곳이죠.
하노버
베를린
라이프치히
프랑크푸르트
뷔르츠부르크
뮌헨

하지만 저는 뮌헨에서 성장했고,

제 부모님도 이곳을 고향처럼 생각하십니다.

1910년 아버지가 뮌헨대학의 그리스 문헌학 교수로 초빙되면서 우리 가족은 뮌헨에 와서 지내게 되었습니다.

그때 제 나이가
아홉 살이었고,
막시밀리안
김나지움에
입학했지요.

이후 뮌헨대학에 입학하여
훌륭하신 교수님과 좋은
동료들을 만나 오늘날의 제가
될 수 있었습니다.

지금은 막스플랑크
연구소 소장으로 일하고
있습니다.

인생의 절반을 이곳 뮌헨에서
보내고 있는 셈이죠.

그러니까 뮌헨은
제게는 고향이나 다름없는
곳입니다. 하하하.

그리고 뮌헨은
정말 아름다운
도시입니다.
개선문에서부터
햇살이 아름다운
루드비히 거리

• **모노프테로스(monopteros)** 원형신전의 형식으로 지은 건축물을 말한다. 여기서는 뮌헨 영국정원 내부에 있는 것을 가리킨다.

꽃들이 만발한 잔디밭에서
프라우엔 교회까지 한눈에
들어오는 모노프테로스*의 전망

레지덴츠 오페라
극장의 〈피가로의 결혼〉

그리고 바이에른의 사자관을
쓰고 10월 축제 잔디밭에 서 있는
맥주 천막들, 이 모든 것이
뮌헨입니다.

특히나 1920년대의
뮌헨은 제게 너무나
인상적이었습니다.
1920년대를 뮌헨에서
경험하지 못한 사람은
인생이 얼마나 아름다울 수
있는지 모를 것입니다.
음, 그때가
떠오르는군요.

1919년 6월 따뜻한 여름날, 독일 뮌헨
플라톤의 『티마이오스』에 관한 그리스어 숙제를 해볼까?
물질의 최소단위가 직각삼각형으로 이루어져 있다고?
직각삼각형으로 정삼각형을 만들 수 있고, 정사각형도 만들 수 있다는 것은 알겠는데,

이렇게 만들어진 정삼각형이나 정사각형으로 정다면체를 만들면 물, 불, 공기, 흙의 4원소를 만들 수 있다고?
정이십면체
정사면체
정팔면체
정육면체
정말 흥미로운 얘기인걸.

더 이상 쪼갤 수 없는 작은 입자인 원자를 물질의 최소단위라고 주장했던 데모크리토스도 원자 그 자체에 대해서는 어떤 설명도 하지 않았다.
나도 사실 원자 자체에 대해서는 잘 몰라.

물질이 아닌 직각삼각형이 물질의 최소단위가 될 수 있다는 생각을 어떻게 할 수 있었을까?

수학적 규칙성을 이용해서 물질의 최소단위를 설명하다니 도대체 납득할 수가 없네.

1920년 봄, 뮌헨 근교의 슈타른베르크 호수
졸업시험 준비는 잘돼 가니?
응, 그런데 한 가지 이해가 안 되는 게 있어.

C
O
O
O
C
O
물리학 교과서에 나오는 그림 말이야.
탄소 원자 하나가 산소 원자 두 개와 결합해서 하나의 이산화탄소 분자를 만드는 과정을 고리를 사용해서 설명하잖아.
왜 그런 그림을 사용한 걸까?

화학적 결합을 상징적으로 표현한 거 아닐까?

왜 하필 고리와 걸쇠를 사용했냐는 질문이야.

그림을 그린 작가의 경험에서 비롯된 표상이겠지.
경험? 어떤 경험?

탄소 원자 하나가 항상 산소 원자 두 개만을 끌어당겨 결합한다는 경험적 사실을 극적으로 표현하기 위한 것 같은데.
그럼 고리와 걸쇠는 실질적으로 아무런 의미가 없겠네.

그렇지. 그래서
화학자들이 원자 세계의
결합을 설명하기 위해
원자가•라는 개념을
고안해낸 것이 아닐까?
그런가?

이처럼 자연과학은
경험으로부터 시작된
표상이라고 할 수 있지.
자연과학의 모든
표상이 경험에서
비롯된다고 생각하는
건 잘못된 것 같아.
그게 무슨
뜻이지?

직접 관찰할 수 없는
원자의 세계를 이야기하면서
경험으로부터 비롯된
표상이라고 할 수 있을까?
사람들은 경험 이전에
어떤 표상을 이미
가지고 있는지도 몰라.
그렇다면 플라톤이
『티마이오스』에서 이야기한
'모든 물질의 최소단위는
직각삼각형으로 구성되어 있다'에
대해서는 어떻게 생각해?

그건 플라톤이 물질의
최소단위를 추론하면서
도입한 추상적인
표상이라고 생각해.

경험할 수 없는 원자
세계를 설명하기 위해
수학적 규칙성을
도입한 건 참으로
기발한 시도야.

나는 모든 것의 기본 요소를 수학적 형상으로 설명하려고 했던 플라톤의 사고 방식을 죽는 날까지 믿게 되었다.

• 원자들이 공유결합으로 분자를 형성할 때 공유하는 전자의 개수.

1920년 뮌헨대학

수학을 전공하기로 결정했다면 린데만 교수와 상담해 보는 것이 좋을 것 같구나.

프리드리히 린데만은 원주율 파이(π)가 무리수이면서 초월수임을 증명한 수학자로 대학 행정에도 참여하고 있었다.

저도 그분을 꼭 만나 보고 싶었어요. 제 수학 실력이라면 그분의 세미나에 참석할 수 있겠죠?

수학을 전공하고 싶다고요?
최근에 본 수학책은 무엇인가요?

바일의 저서 『공간·시간·물질』•을 읽었습니다.

그렇게 어려운 책을 읽었다고?

• 수학자 헤르만 바일이 아인슈타인의 상대성이론의 원리를 수학적으로 서술한 책이다.

그렇다면 자네는 이미 수학을 끝낸 것이나 다름이 없네. 수학 공부를 따로 할 필요가 없겠어.
네?

아버지, 수학 공부는 불가능할 것 같아요.

그러면 수리물리학을 공부하는 것은 어때? 조머펠트 교수를 만나 보자꾸나.

아르놀트 조머펠트는 당시 이론물리학의 대가로 명성을 날리고 있었으며, 보어의 양자가설을 수정하여 '보어-조머펠트 원자모형'을 발표한 후였다.

1913년, 덴마크의 물리학자 닐스 보어는 수소 원자의 선스펙트럼을 설명하기 위해 2개의 가설을 발표했다. 이를 보어의 양자가설이라고 한다.
원자 구조가 단순한 수소 (양성자 1개와 전자 1개) 기체에 전기 방전을 시키면, 수소 기체에서 전자기파가 방출됩니다.
그 전자기파는 고유한 에너지량을 갖기 때문에 스펙트럼 상에서 일정한 빛깔과 고유한 위치의 선으로 나타납니다.
이런 현상은 러더퍼드의 원자모형으로는 제대로 설명할 수 없습니다.

제가 제시한 첫 번째 가설은 '양자 조건'이라고 부르는 것으로, '원자 속의 전자는 각운동량•이 플랑크상수/2π의 정수배인 궤도에서만 안정된 상태로 돌 수 있다'는 내용입니다.
원자핵
전자
흠, 제가 하는 말이 좀 낯설지요?

• **각운동량** 회전하는 물체의 회전 관성을 나타내는 물리량이다.

러더퍼드는 전자가 태양계의 행성처럼 원자핵을 중심으로 원운동을 한다고 주장했습니다.
잘 알다시피 원운동은 매순간 물체의 운동 방향이 변하는 가속운동입니다.

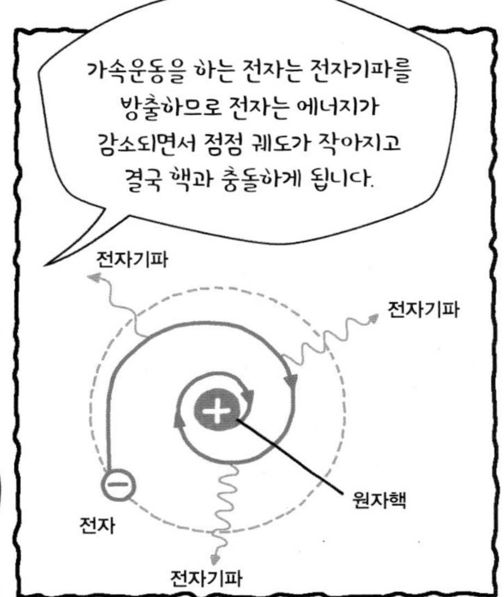
가속운동을 하는 전자는 전자기파를 방출하므로 전자는 에너지가 감소되면서 점점 궤도가 작아지고 결국 핵과 충돌하게 됩니다.
전자기파
전자기파
전자
원자핵
전자기파

그렇다면 수소 원자가 안정된 상태로 존재할 수 있는 시간은 10^{-12}초로 매우 짧습니다.

또한 이 모형에서 전자의 에너지는 연속적으로 감소하기 때문에 수소 원자가 만드는 선스펙트럼을 설명할 수 없습니다.

그래서 원자 속의 전자는 각운동량이 플랑크상수/2π의 정수배인 궤도에서는 전자기파를 방출하지 않고 안정적으로 돈다는 가설을 제기하신 건가요?
예, 제 가설에 의하면 그렇습니다.
수소 원자 내 전자의 궤도는 연속적이지 않고 띄엄띄엄 떨어져 있어서 양자화* 되어 있습니다.

• **양자화** 어떤 물리량이 연속적으로 변하지 않고 어떤 고정된 값의 정수배만을 가지는 현상을 '그 양이 양자화 되었다'고 한다.

두 번째 가설은
'진동수 조건'이라고
부르는 것입니다.

'안정된 상태의 전자 궤도
사이를 넘나들 때,
그 차이에 해당하는 에너지
값을 가진 광자를 방출하거나
흡수한다'는 내용입니다.

그림을 그려서
설명해 볼게요.

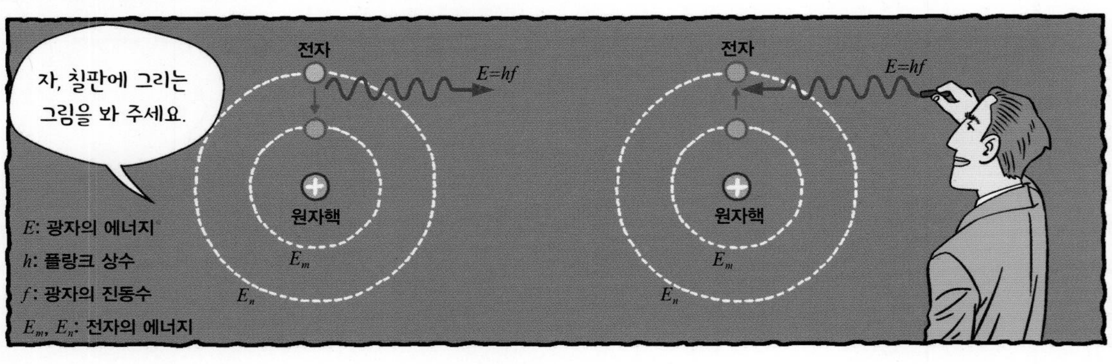
자, 칠판에 그리는
그림을 봐 주세요.
전자
E=hf
원자핵
E_m
E_n
전자
E=hf
원자핵
E_m
E_n
E: 광자의 에너지
h: 플랑크 상수
f: 광자의 진동수
E_m, E_n: 전자의 에너지

왼쪽 그림은 안정된 바깥 궤도에서
안쪽 궤도로 전자가 이동하는
경우입니다. 이 경우 두 궤도의
에너지 차이만큼의 에너지를 갖는
광자를 방출하게 됩니다.
오른쪽 그림은 안쪽 궤도에서
바깥쪽 궤도로 전자가 이동하는
경우로, 이때는 두 궤도의
에너지 차이만큼의 에너지를
갖는 광자를 흡수합니다.
전자의 에너지는
핵으로부터 멀리 떨어져
있는 궤도일수록 더 큽니다
전자
E=hf
원자핵
E_m
E_n
전자
E=hf
원자핵
E_m
E_n

• 광자의 에너지(E)가 그 진동수(f)에 의해서만 결정된다는 것은 플랑크에 의해 도입되었다. 그리고, 보어는 각 궤도에서 전자의 에너지를 나타내기 위해 주양자수(n)을 도입했다.

보어의 양자가설은 발표 초기에는 수소의 선스펙트럼을 무난히 설명할 수 있었다. 그러나 분광학이 발달하여 수소 원자의 스펙트럼에서 두 개의 선이 추가로 발견되었다.

Series Limit
H_δ H_γ H_β H_α
4000 5000 6000 7000
H_α
4500 5000 7000
파장(λ)의 단위 : Å (옹스트롬)

음. 수소 원자 선스펙트럼에 그전에 볼 수 없었던 두 개의 선이 더 보이다니….

이건 내 양자가설로 설명할 수 없는 현상인데. 아무래도 내 이론을 수정해야겠군.

수소의 선스펙트럼 중에서 H_α가 한 개의 선이 아니라 매우 근접한 두 개의 선으로 되어 있음이 밝혀졌다. 이처럼 몇 개의 선들이 겹쳐서 하나의 선인 것처럼 보이는 현상을 미세구조(fine structure)라고 한다.

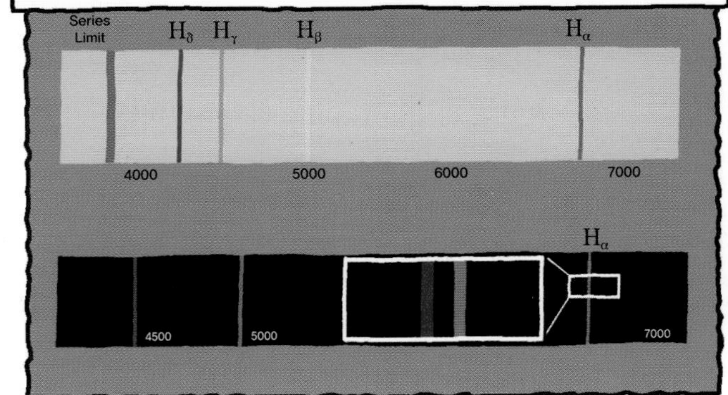
Series Limit
H_δ H_γ H_β H_α
4000 5000 6000 7000
H_α
4500 5000 7000

후후, 보어 박사님. 고민이 많으시군요.

미세구조 현상을 설명하기 위해 박사님의 이론을 수정해 보았습니다.

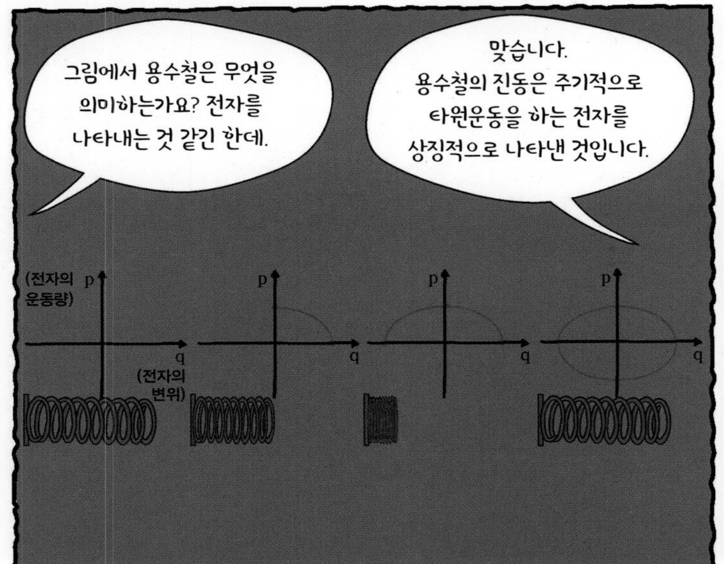

그림에서 용수철은 무엇을 의미하는가요? 전자를 나타내는 것 같긴 한데.
맞습니다. 용수철의 진동은 주기적으로 타원운동을 하는 전자를 상징적으로 나타낸 것입니다.
(전자의 운동량) p
q (전자의 변위)

전자의 타원운동을 운동량(p)-변위(q) 그래프로 나타냈다는 말씀인지…?

네. 핵에서 q만큼 떨어진 지점에서 출발한 전자가 핵으로 접근함에 따라 속력이 증가하면서 운동량(p)도 증가하겠지요.

다시 핵으로부터 멀어지면 운동량이 감소하고요.
마치 용수철이 진동의 양끝점에서는 순간적으로 속력이 0이고, 진동 중심에서는 속력이 최대가 되는 것처럼요.

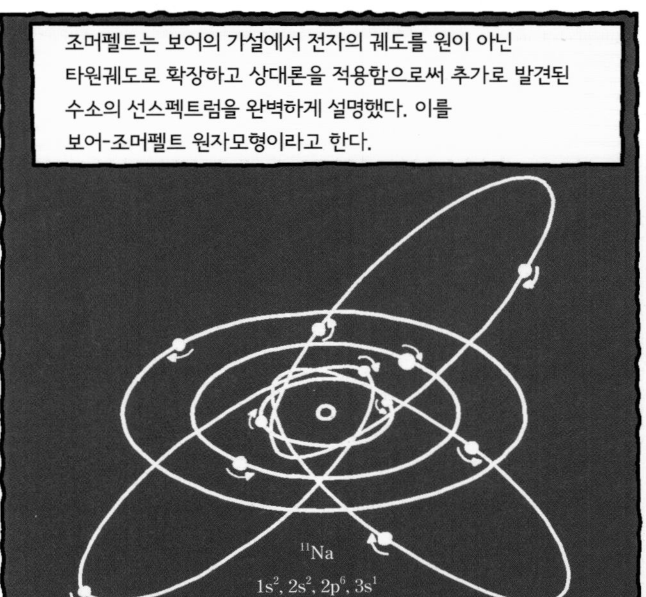
조머펠트는 보어의 가설에서 전자의 궤도를 원이 아닌 타원궤도로 확장하고 상대론을 적용함으로써 추가로 발견된 수소의 선스펙트럼을 완벽하게 설명했다. 이를 보어-조머펠트 원자모형이라고 한다.
^{11}Na
1s^2, 2s^2, 2p^6, 3s^1
[보어-조머펠트의 원자 모형]

상대론이 적용됐다는 말이 궁금하지요?

전자가 타원궤도를 돌면서 원자핵에 접근하면 속력이 증가하고 상대론적 효과를 고려하면 전자의 질량도 증가하게 됩니다.*

따라서 타원궤도를 도는 전자의 에너지에는 변화가 생기면서 스펙트럼은 두 갈래로 갈라지게 됩니다.
그렇다면 박사님은 전자의 궤도 모양을 수정한 것인가요? 새로운 발상이군요.

박사님의 양자 조건을 원궤도에 적용하고 상대론적 효과를 고려한 것이지요.
대단하십니다!

* 핵에 접근할 때의 속도 증가는 케플러 제2법칙으로 불리는 각운동량 보존법칙(면적속도 일정법칙)으로 설명된다. 그러면, 특수 상대성이론에서 상대론적 질량 = 정지 질량 × 로렌츠 인자($m=\frac{m_0}{\sqrt{1-(v/c)^2}}$)이므로 속력이 증가하면 질량도 증가한다. 다시, 질량-에너지 등가원리($E=\frac{m_0c^2}{\sqrt{1-(v/c)^2}}$)에 의해 질량이 증가하면 에너지도 증가한다.

그래, 지금까지
무엇을 공부했나?
수학에 관심이 많아서
최근에는 바일이 쓴
『공간·시간·물질』을
읽었습니다.

학생은 너무나
야망이 크네. 가장
어려운 것부터
시작했다고 해서
쉬운 문제가 저절로
이해된다고는
말할 수 없어.

아, 예….
어려운
현대물리학보다는
고전물리학부터
물리의 기본을
차근차근 배워 나가는
것이 좋을 것 같군.

물리학을 전공한다면
먼저 이론물리를 할지,
실험물리를 할지
결정해야겠지.
저는
이론물리를
하고 싶습니다.

왜 그런 생각을
하게 되었나?
별로 중요하지 않은 데이터를
정밀하게 측정하기 위해 너무
많은 노력을 들이는 것이
무의미해 보여요.

흠, 그렇지 않아. 데이터를
정밀하게 측정하는 것도
매우 중요한 일이지.

이론물리를 하더라도 자네가
별로 중요하지 않다고 생각하는
작은 문제들도 세심하게 다룰
줄 알아야 해.

그렇지만
자네 수준이라면
상급생들과의
세미나 수업에도
참가할 수 있을
거라고 생각되는군.

현대물리학에 정통한 석학과 가진 이 첫 대화는 오랫동안 나에게 영향을 주었다.
작은 일에 세심하라는 말은 아버지로부터도 자주 들었기 때문이다.

며칠 뒤, 조머펠트 교수의 강의실
파울리 군은 내 제자들 가운데 가장 뛰어나지. 여러분은 이 학생에게서 많은 것을 배우기 바라네.

볼프강 파울리는 나보다 나이가 한 살 반 많았다. 그는 뮌헨대학에 들어올 때 이미 일반 상대성이론을 상당한 수준에서 연구할 능력을 갖추고 있었다.

안녕? 난 앞으로 교수님의 조교를 할 거야.
어? 아, 난 베르너 하이젠베르크. 잘 부탁해.

자, 이제 모두 자리로. 강의를 시작할 테니.

참! 한 가지 빠졌군.

앞으로 내 강의에서 의문이 생기면 먼저 파울리 조교에게 질문을 하고 답을 얻도록. 그러고도 해결하지 못하면 그때 나를 찾아주길 바란다.

교수가 늙은 기병 대장처럼 보이지 않니?

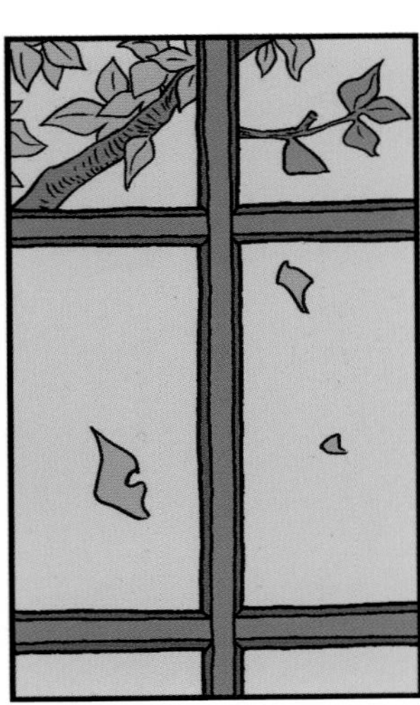

강의가 끝난 후 조머펠트 교수의 연구실

볼프강.

난 이론물리를 전공하려 하는데 실험 기술을 배워야 할 필요가 있을까?

어느 정도의 실험적 지식은 필요하다고 생각해. 그게 없다면 수학자와 다를 바가 없지 않을까?

사실 얼마 전에 린데만 교수님과 상담을 한 적이 있어.
그래?

파울리는 내가 린데만 교수와 나눈 이야기를 듣고는 무척 재미있어 했다.

후후후. 역시 내가 상상한 대로야. 린데만 교수님이라면 네가 아니라 그 누구한테라도 그렇게 말씀하셨을 거야.

그게 무슨 뜻이지?

아직 모르고 있었나 본데, 린데만 교수님은 수학 광신자야. 자연과학은 하찮은 학문일 뿐이지.
그러니 바일이 상대성이론에 대해 무언가를 안다는 것만으로도 그는 수학자의 반열에서 제외된 존재라고 여기시는 거야.

린데만 교수님이 그렇게 평가했다고 해서 네가 지금까지 한 공부가 쓸모없는 건 아니야. 힘내.

며칠 뒤

파울리 군,
제만 효과를
설명해 보게나.

자기장 내에서 원자의
선스펙트럼이 분리되는
현상을 말합니다.

그렇지. 수소 원자에
자기장(B)을 가하면
한 줄로 보이던
선스펙트럼이 3개로
갈라지는 것이 바로
제만 효과야.
B=0
B≠0
a, b, c
a
b
c

교수님이 제기하신
자기양자수(m_l) 개념으로
설명 가능한 스펙트럼
분리 현상이지요.

자기양자수라면,
자기장 안에서 전자 궤도의
각운동량 방향을 결정하는
양자수를 말하는 거지?
맞아, 잘 알고 있군.
자기장의 영향으로 한 줄로
보이던 스펙트럼 선이 몇 갈래로
분리되는 것을 설명하기 위해
도입된 것이 자기양자수야.

그런데 이 실험
데이터를 보게나.

얼마 전
내 친구로부터 전해
받은 실험 결과인데,
이상하지 않나?

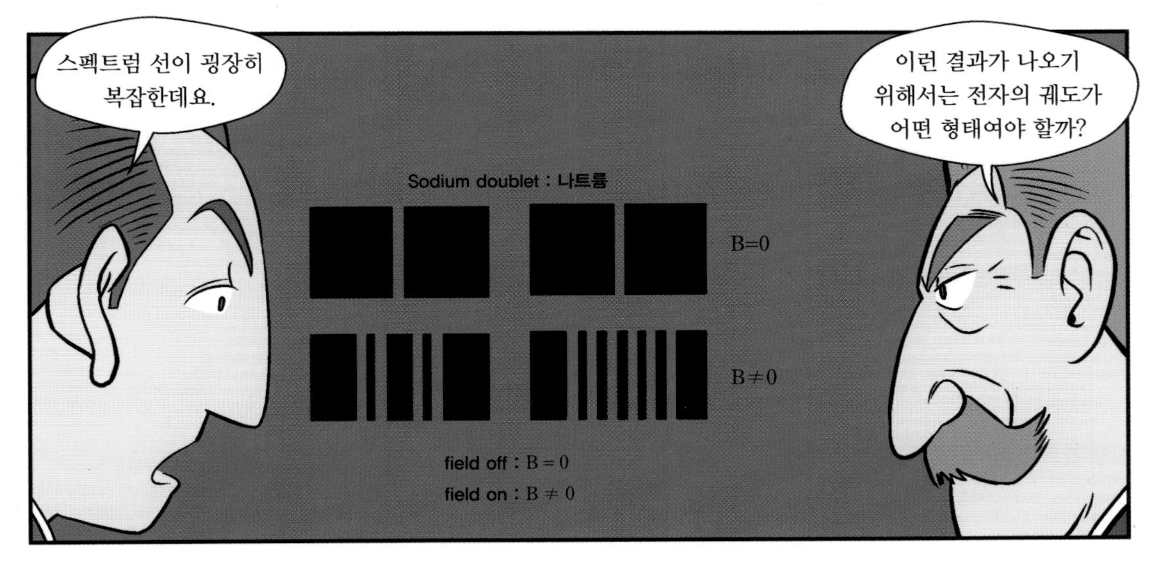
스펙트럼 선이 굉장히
복잡한데요.
이런 결과가 나오기
위해서는 전자의 궤도가
어떤 형태여야 할까?
Sodium doublet : 나트륨
B=0
B≠0
field off : B = 0
field on : B ≠ 0

하이젠베르크 군,
자네도 한번
살펴보게나.

이것은 후에 이상 제만 효과(Anomalous Zeeman effect)로 알려진 실험이었다.

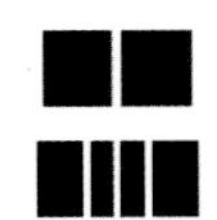

원자에 자기장을 가했을 때 선스펙트럼이 분리되는 수는 항상 홀수여야 한다. 그런데 그 수가 짝수로 갈라지는 것이 관찰되었다. 그런 현상을 그때는 도저히 설명할 수 없었기 때문에 이상 제만 효과라고 불렀다.

흠! 하이젠베르크 군,
자네가 이 문제를
해결해 보겠나?

그래 좋은
기회가 될 거야.
한번 해봐!

이런 스펙트럼에 관여하는
전자의 궤도와 그 양자수에
대해 생각해 보게나.
네.

2주 후
교수님께서 내주신
문제를 검토해 보고
왔는데요.
그런가?
어디 한번
이야기해 보게나.

전자의 양자수로
반정수 +1/2, −1/2을
사용하면 됩니다.

당시에는 아무도 반정수에 대해서 말한 적이 없었다.
양자수는 정수였던 것이다.
아니,
뭐야?

그건 불가능하네.
양자의 세계는
정수와 상관이 있는
걸세. 반정수는
있을 수가 없어.

아닙니다, 교수님.
양자의 세계가
꼭 정수로만
해석되어야 한다는
법은 없습니다.
아니야. 자네는
좀더 신중하게 자기
의견을 나타내는
법을 배워야겠네.

조금 더
연구하고 오게.

그렇게 아무 근거 없이
반정수를 도입하는 건
옳지 않은 방법이야.

성공은 수단을
신성화하는 법이야.

실험 결과를 해석하기 위해서는 내 생각대로 반정수를 도입하는 게 옳다고.

이 무렵 나는 전자의 스핀• 이 반정수의 원인일 수 없다고 생각하고 있었다.
반정수의 원인은 전자가 궤도를 돌 때 발생하는 상대론적 효과 때문일 거야.

아직 완전히 정리되지 않아서 그렇지, 언젠가는 자네도 내 생각을 이해하게 될 거야.
후훗. 그럴 일은 없을걸!

그럼 먼저 실례. 내일 보자고.

그러나 결국에는 나의 예견이 맞았다. 후에 파울리는 이 반정수 개념을 받아들여서 배타 원리를 주장하기 때문이다.
끄응. 내가 하이젠베르크의 이론을 받아들이게 되다니.

파울리의 배타 원리는 동일한 양자 상태에 2개 이상의 전자가 공존할 수 없다는 것이 골자이다. 원자 내 전자 배열을 결정하는 원리로도 알려져 있다. 전자의 상태를 나타내는 양자수는 주양자수(n), 방위양자수(l), 자기양자수(m_l), 스핀양자수(s)가 있는데 파울리는 스핀양자수(s)를 반정수로 표현하여 전자의 에너지 상태를 기술했다.

• **스핀(spin)** 양자역학에서 스핀은 입자의 운동과 무관한 고유 각운동량이다. 예를 들어 전자는 스핀 양자수 1/2, 광자는 스핀 양자수 1을 갖는다. 전자가 원자핵 주위를 도는 궤도 운동과 같이 자신의 축을 기준으로 회전하는 운동에 관계된 물리량을 스핀으로 설명하는 경우도 있는데, 실제로 전자는 점입자이므로 어떤 축을 중심으로 회전할 수 없다.

2 보어 축제

닐스 보어와의 인연

1921년 여름
구텐 모르겐?
도대체 지금이 몇 시인데 구텐 모르겐이야? 구텐 탁이지.

그 시절 파울리는 내게 학문적으로 가장 큰 도움을 주는 친구였지만, 생활방식은 나와 정반대였다.
어젯밤에 늦게까지 놀았더니… 헤헤.

오늘만 그런 게 아니잖아. 매일 교수님 강의도 빼먹고. 그러지 말고 네가 즐겨 가는 야간 사교클럽에 나도 한번 데려가지그래.
싫어. 우선 오늘 세미나에서 발표할 논문에 대해 네가 공부한 걸 보고해 봐. 잘하면 데려가 줄지도 모르지.

안개상자*를 이용하면 전자의 궤적을 볼 수 있는데, 정말 원자 안에도 전자의 궤도가 존재할까?
네 생각은 어때?

• **안개상자(cloud chamber)** 1911년 찰스 윌슨(Charles Thomson Rees Wilson, 1869~1959)이 고안한 장치. 상자 속에 수증기나 기체를 채우고 피스톤으로 상자 내부를 단열팽창시키면 방사선이나 대전입자가 지나간 흔적을 관찰할 수 있다.

보어 박사에 의하면 전자가 특정한 조건을 만족하는 궤도에서 원운동을 하고 있고, 그때는 전자기파를 방출하지 않고 안정적인 상태를 유지한다잖아.
전자
전자 궤도
원자핵
보어 박사의 주장에는 과학적인 근거가 없어. 특정 궤도에서 원운동하는 전자가 왜 전자기파를 방출하지 않는지 설명하지 못하면서 그냥 믿으라고 하는 것은 미친 짓이야.

보어 박사의 물리학이 난점을 가지고 있어도 나에겐 대단히 매력적으로 보여.
아마 조머펠트 교수님도 그렇게 믿고 계실 거야.
하지만 보어-조머펠트의 가정이 정말 합리적인지는 확인해 봐야 할 것 같아.

음, 아마 최우등* 졸업자가 될 것 같은데!

그나저나 넌 이번 학기만 마치면 박사학위를 받는 건가?

파울리는 진짜 최우등으로 박사학위를 받았고, 그 이후 괴팅겐으로 떠났다. 나는 편지로 그와 계속 연락을 주고받았다.

* 아시아의 일부 대학과 미국, 유럽의 대학에서 졸업생의 학업 성취를 평가할 때 사용하는 세 단계 평점 중 하나. 최우등부터 차례대로 summa cum laude(숨마 쿰 라우데), magna cum laude(마그나 쿰 라우데), cum laude(쿰 라우데)이다.

1922년 초여름
자네, 닐스 보어 박사를 개인적으로 만나볼 의향이 있는가?
무슨 말씀이신지요?

조만간 보어 박사가 괴팅겐에서 자신의 이론에 대해 강의를 하네. 거기에 초대를 받았는데, 자네와 동행하려고 하네만.

저도 정말 가고 싶은데요. 제가 요새 사는 게 좀 그래서요….

아하, 여비는 걱정 말게나. 내가 댈 테니까.
옷! 감사합니다, 교수님!

1922년 6월, 괴팅겐 보어 축제
강의실에는 파울리, 훈트, 보른, 요르단 같은 물리학자들도 와 있었다.
모두 훗날 양자역학의 형성에 결정적인 역할을 하게 될 이들이었다.

볼프강 파울리
(Wolfgang Ernst Pauli, 1900~1958)

프리드리히 훈트
(Friedrich Hermann Hund, 1896~1997)

막스 보른
(Max Born, 1882~1970)

에른스트 요르단
(Ernst Pascual Jordan, 1902~1980)

정말 많이 왔군.
?

베르너!

잘 지냈어?
오랫만이야!

인사드려.
괴팅겐대학의
막스 보른 교수님이야.

처음 뵙겠습니다.
조머펠트 교수님의
제자 베르너
하이젠베르크입니다.
아, 만나서
반가워요.

양자론은 1900년 막스 플랑크*가 흑체 복사* 문제를 해결하기 위해 제기한 양자가설로부터 시작되었습니다.

흑체(black body)
입사하는 전자기파(빛)를 모두 흡수하고 반사하지 않는 물체나 물질
고전물리학으로는 흑체 복사를 제대로 설명하지 못했던 문제를 말합니다.

흑체 복사 문제가 무엇인가요?

플랑크는 열역학 전문가였지요. 열과 온도와 파장의 관계를 오래도록 연구하면서 흑체 복사를 설명하기 위해서는 새로운 이론이 필요하다는 것을 절감하고 있었습니다.
E = nhf
복사에너지
정수
플랑크 상수
전기파의 진동수
그는 집요한 연구 끝에 흑체 복사에너지가 특정한 상수의 정수배가 되어야 한다는 결론에 도달했습니다.

이것은 대단한 사고의 전환입니다.

* **막스 플랑크(Max K. Planck, 1858~ 1947)** 1899년 새로운 기본 상수인 플랑크 상수를 발견하고, 1년 후 플랑크의 복사 법칙이라 불리는 열복사 법칙을 발견했다. 이 법칙을 설명하면서 최초로 양자 개념을 주창했는데, 이것이 양자역학의 단초가 되었다. 1918년, 이 공로를 인정받아 노벨물리학상을 수상했다.

왜냐하면 고전적인 물리 이론에서는 에너지 값이 연속적이어야 합니다. 불연속적인 에너지 값은 나올 수 없습니다.
그런데 에너지 값이 불연속적이라는 사실을 발견한 플랑크 자신도 이것이 지니는 의미를 완전하게 알지는 못했던 것 같습니다.
E = nhf
정수

왜 그렇게 생각하십니까?

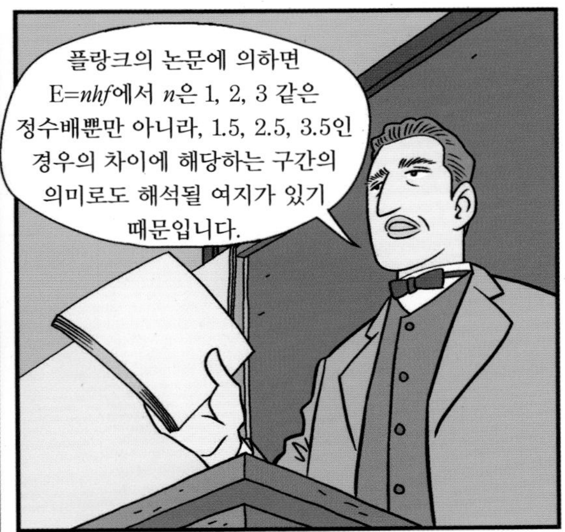
플랑크의 논문에 의하면 E=nhf에서 n은 1, 2, 3 같은 정수배뿐만 아니라, 1.5, 2.5, 3.5인 경우의 차이에 해당하는 구간의 의미로도 해석될 여지가 있기 때문입니다.

하지만 광전효과*는 그 같은 해석의 여지가 없음을 보여준 실험이었죠.
광전효과는 금속 표면에 일정한 진동수 이상의 빛을 비추었을 때 그 표면에서 전자가 방출되는 현상이지요.
빛(광자)
음극
(광전물질)
양극
진공관
I_p
V=IR
R(가변)
I

아인슈타인의 광양자설을 설명하시려는 건가요?

* **흑체 복사** 흑체가 주변과의 열평형을 위해 복사 형태로 전자기파를 방출하는 현상이라고 보면 된다. 흑체 복사를 연구하는 이유는 어떤 물체의 온도를 직접 측정하지 못하는 대신(용광로의 예), 그 물체가 방출하는 빛의 파장과 세기를 통해 온도(에너지)를 추정하기 위해서다. 일반적으로 빛은 온도가 낮을수록 붉은색을 띠고, 온도가 높아질수록 푸른색, 더 높아지면 흰색에 가까워진다. 자연계에 완전한 흑체는 존재하지 않지만, 흑체에 가까운 물체는 있다. 태양도 흑체라고 할 수 있다.

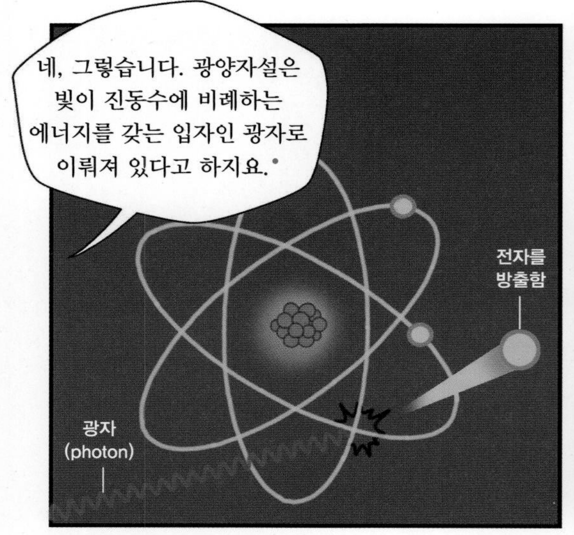
네, 그렇습니다. 광양자설은 빛이 진동수에 비례하는 에너지를 갖는 입자인 광자로 이뤄져 있다고 하지요.*
전자를 방출함
광자 (photon)

플랑크의 양자가설과 차이가 있나요?
결과적으로는 같습니다. 그러나 플랑크의 양자가설보다 훨씬 진보된 개념이었습니다.

아인슈타인은 빛을 입자로 보았기 때문에 플랑크처럼 정수배가 구간으로 해석되는 오류는 범하지 않았거든요. 완벽한 양자 개념이지요.

제가 한 일은 이 양자 개념을 원자모형에 적용한 것입니다.
러더퍼드의 원자모형과 아인슈타인의 광양자설, 그리고 수소 원자의 선스펙트럼에 관한 발머 계열*식을 이용해서 새로운 원자모형을 제안했습니다.

- 광전효과를 일으키는 빛의 세기는 광자가 갖는 에너지와는 무관하고 광자의 수에 비례한다. 광전효과는 빛의 입자성을 증명한 실험이다.
- **발머 계열** 수소 선스펙트럼 중 가시광선에 해당하는 스펙트럼.

보어 교수는 계속해서 자신의 이론과
그 속에 담긴 철학을 이야기했다.

나는 강의가 끝날 무렵
평소 세미나 시간에
보어 교수의 이론을
공부하면서 가졌던
의문점을 질문했다.

교수님의 원자모형은
선스펙트럼은 잘 설명할 수
있지만, 근거는 매우 빈약한
것 같습니다.

양자론을 원자모형에
접목시키게 된 계기는
무엇입니까?

좋은 질문입니다. 젊은 분이
제 이론에 대해 자세히 알고
있군요. 이름을 알고 싶군요.
뮌헨대학
조머펠트 교수님으로부터
배우고 있는 베르너
하이젠베르크입니다.

학생의 질문에
대한 대답은 꽤
길어질 것 같은데,
강연이 끝나고
근처 하인베르크
산이라도 산책하면서
더 얘기해 보기로
합시다. 어때요?

내 원자모형의 출발점은
물질의 안정성이에요. 단순히
태양계의 행성 운동을 모방한
게 아닙니다.
물질의
안정성이라구요?
물질이 항상 반복하여
같은 성질을 나타낸다는
점, 그리고 항상 같은
화학결합을 한다는
사실에서 알 수 있죠.
구체적인 예를
든다면요?
철을 불에 달구어도 철 원자는
불에 달구기 전과 동일한 성질을
가진 철 원자예요.
철(Fe)

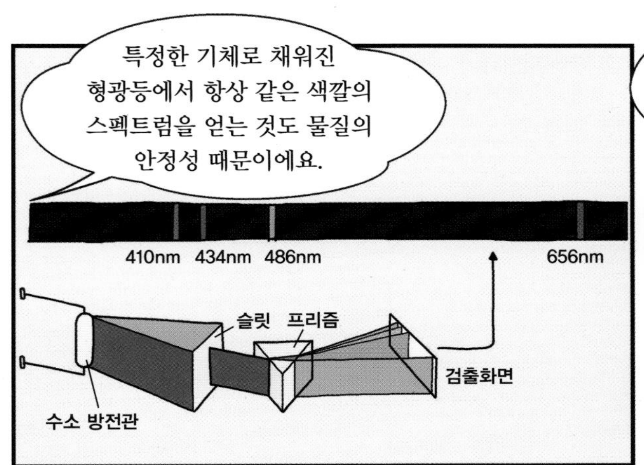
특정한 기체로 채워진 형광등에서 항상 같은 색깔의 스펙트럼을 얻는 것도 물질의 안정성 때문이에요.
410nm
434nm
486nm
656nm
슬릿
프리즘
검출화면
수소 방전관

그러한 사실들이 교수님께서 제안한 새로운 원자모형과 어떤 연관성이 있는 건가요?
음, 그건 뉴턴 물리학으로는 설명할 수 없는 현상이지요.

뉴턴 물리학에서 물질의 현재 상태는 이전 상태로 말미암아 결정되죠. 한데, 이전 상태의 조건이 달라졌음에도 현재의 상태는 항상 같단 말입니다.

그래서 뉴턴 물리학을 포기하고 새로운 양자론을 이용해서 원자모형을 제안하시게 된 건가요?
우리는 원자의 구조를 설명할 수 있는 어떠한 언어도 가지고 있지 않아요.

따라서 우리의 경험을 바탕으로 관련된 것을 찾아내고 조심스럽게 손으로 더듬어 가는 수밖에 없겠지요.

그는 우리가 뮌헨에서 토론한 의심과 반론을 충분히 알고 있는 것 같았다.
헉헉…. 그렇다면, 교수님이 강연에서 말씀하신 원자모형은 무엇입니까?

그건 확실히 경험에서 나온 거예요.
하지만 학생이 원한다면 추측된 것이라고 봐도 좋아요. 어쨌든 그 원자모형이 원자의 구조를 잘 기술하기를 바랄 뿐이에요.

우리는 도대체 언제쯤 원자를 이해할 수 있게 될까요?

아마 그때는 이해한다는 말이 무엇을 뜻하는지 깨닫는 순간이 될 것 같군요. 후후.

그나저나 나는 학생에 대해 아는 것이 없군요. 지금 대학원생인가요?
아뇨. 아직 학부생입니다. 조머펠트 교수님의 세미나에서 보어 교수님의 양자론을 배웠구요.

학부생이라구요?
대단하군요.
나중에라도 꼭 한번
코펜하겐의 내 연구실을
방문해 주었으면 해요.

함께 연구해
보고 싶군요.

감사합니다,
교수님.

이날 보어 교수와 나눈 대화는 그후 내 삶의 행로를
결정하는 데 큰 영향을 주었다.
정말 멋진 분이야.
나는 인간 보어와 물리학자 보어에
매료되었다.

나중에 전해 들은 바로는 산책에서
돌아온 후 보어는 친구들에게 "그는
다 알고 있다."라고 말했다고 한다.
대단한 친구야.
머지않아 천재적인
물리학자의 탄생을
보게 되겠군.

1922년 9월 조머펠트 교수의 연구실
내가 이번에 미국 위스콘신대학에 반 년 동안 객원교수로 가게 되었네.
아, 네.

그래서 말인데, 내가 없는 동안 자네는 괴팅겐대학의 막스 보른 교수에게 가 있으면 어떻겠나?

네, 좋습니다. 그렇지 않아도 괴팅겐에서 열렸던 보어 축제에서 보른 교수님을 뵌 적이 있습니다.

가서 열심히 하게나.

나는 가우스• 시대부터 수학의 중심지로 유명한 괴팅겐대학에 가게 되었다는 사실이 무척 마음에 들었다.
걱정하지 마시고 잘 다녀오세요.

• **카를 가우스**(Carl Friedrich Gauss, 1777~1855) 물리학으로부터 수학을 독립시켜 근대수학의 길을 열었다는 평가를 받는다. 괴팅겐대학에서 수학했다.

1922년 9월 괴팅겐

보른 교수와의 세미나는 주로 보어의 이론에 관한 것이었다.

그 세미나에는 물리학자뿐만 아니라 수학자들도 참석했다. 세미나는 종종 보른 교수의 집에서 열리기도 했다.
보어의 이론은 수소의 선스펙트럼은 완벽하게 설명하지만, 헬륨의 선스펙트럼에는 잘 맞지 않는데요.

아무리 계산해 봐도 맞아떨어지질 않아요.
계산 실수가 아니라면 왜 이런 일이 일어나는 걸까요?
계산 실수가 아니라면 보어의 양자 조건이 잘못된 것이 아닐까요?

아니면…

전자의 운동이 고전물리학으로는 설명할 수 없는 것일 수도 있고요.

사실 보어의 이론은 고전물리학과 플랑크의 양자가설을 교묘하게 섞어 놓은 상태였다.

……!

베르너, 자네는
파울리만큼이나 탁월하네.

어…
과찬이세요.

아니, 자네는 아주
스마트한 데다
겸손하기까지 해.
난 자네와 함께
계속 연구하고
싶군.

그래서 묻는데, 내년
여름에 박사논문을
완성한 후에 일정이
어떻게 되나?
아, 그 일은 제가 아니라
조머펠트 교수님이
결정하실 문제라서요….

보른 교수는 박사논문이 완성된
이후에 나를 사강사•로 쓰고
싶다고 조머펠트 교수에게
편지를 보냈다.

한데, 이 제안은 조머펠트 교수를
흥분하게 했다.

아직 졸업시험도
안 본 학생을 데리고
가겠다니 말도 안 돼.

• **사강사** 오늘날 대학의 시간강사와 비슷하지만 대학에서 강사료를 받지 않고 수강생들에게 강의료를 받았다.

1923년 여름. 괴팅겐을 떠나 뮌헨으로 다시 돌아온 나는
여섯 번째 학기를 맞이했다.

하이젠베르크 군, 이번이 마지막 학기이니 박사학위 시험을 준비하게나.
네, 교수님.

시험을 통과하려면 빈 교수의 연구실에서 하는 고급실험에 참여해야 할 거야.

네? 빈 교수님의 실험에요?!

빌헬름 빈은 흑체 복사에서 에너지 밀도가 가장 큰 파장과 흑체의 온도가 반비례한다• 는 것을 밝혀낸 실험물리학자였다.
빈 교수는 실험실에 한 번도 들어가 본 적이 없는 학생이 박사학위를 받는 것에 대해 굉장히 불만스러워하거든.

박사학위 구두 시험장에는 이론물리학자 한 명, 실험물리학자 한 명이 동석하게 될 거야. 그러니까 실험을 하는 것이 자네에게 유리하겠지?
교수님 말씀대로 하겠습니다.

• 빈의 변위 법칙이라고 한다.

빈 교수의
연구소
큰일 났네.
이럴 줄 알았으면
실험 공부를 해둘걸.
빈 교수님은
꽤나 깐깐한
분이라던데….

빈 교수는 틈을 주지 않고 나에게 지시를 했다.
수은 스펙트럼의
초미세구조에서 발생하는
제만 효과를 실험으로
확인해 보게.

그러나 실험실에 익숙하지 않은 나는 무엇을 해야 할지 몰라 난감했다.
네?
제만 효과를
실험하라구요?
혹시 제만 효과를
한 번도 실험해
보지 않은 건
아니겠지?

솔직히 말씀드려
해본 적이 없습니다.
나는 이내 실험 연구에 흥미를
잃고 빈 교수의 연구실에서도
이론물리학을 공부했다.

박사학위 구두시험 날, 예상대로 빈 교수가 심사위원으로 참석했다.

파브리-페로 간섭계•에 대해
설명해 보게나.

• **파브리-페로 간섭계** 1897년 프랑스 물리학자 샤를 파브리와 알프레드 페로가 고안한 간섭계. 스펙트럼 선을 분해하는 성능이 좋아 분광기로 쓰이며, 스펙트럼 선의 미세한 구조를 연구할 때도 쓰인다.

파브리-페로 간섭계는
자네가 지난 학기 동안
내 연구실에서 수행했던
실험에서 사용되었던 기기네.
어서 설명해 보게나.
잘…,
모르겠습니다.
음, 그럼 현미경의
분해능•에 대해서
설명해 보지그래.
잘
모르겠습니다.
그럼, 납축전지의 원리에
대해서는 설명할 수 있겠나?
정말 죄송합니다,
교수님. 그것도
잘 모르겠습니다.

• **분해능** 광학기기를 통해 물체를 볼 때, 서로 떨어져 있는 두 물체를 서로 구별할 수 있는 성능을 의미한다.

정말 형편없군!
어떻게 저런 학생이
박사학위를 받을 수
있겠나?
아닐세. 저 친구가 작성한
논문은 유체역학 분야에서
아주 탁월한 성과를
이루었네.

믿을 수 없네. 난 저런
학생이 박사학위를 받으면
안 된다고 생각하네.

빈 교수, 백년에
한 번 있을까 말까
한 천재야.

자네는 2년 전에도 그런
얘기를 했었네. 파울리가
졸업할 때였던 같은데!
그랬나?

백년에 한 번 있을까
말까 한 천재들이
너무 눈에 띄게
늘어가는군.

나는 조머펠트 교수의 적극적인 도움으로 어렵사리
박사학위를 받았다.

박사 시험 성적은 전공인 물리학은 3점, 부전공인 수학은 1점,
천문학은 2점이었다. 독일의 학점은 1점이 좋은 점수이고,
3점이 나쁜 점수이다.

내가 받은 대학 졸업시험의 총평가는
'우등'이었다.

지금 생각해 봐도 내가 우등 졸업이라는 영예를 얻은 건 모두
논문 지도교수인 조머펠트 덕분이었다.

조머펠트 교수가 내 학위 논문을 탁월하다고 인정해 주었으니 말이다.
논문 심사 보고서
관이나 수로에서 흐르는
유체의 난류에 대한 유체 역
학적인 설명은 대단히 어려
운 문제인데, 나는 나의 제자
중 다른 사람에게는 이처럼
어려운 주제를 학위논문으로
제안할 수 없었을 것이다.

1923년 10월, 나는 보른 교수와의 약속대로 괴팅겐대학에서 사강사 생활을 시작했다.

당시 그의 조교는 프리드리히 훈트였는데, 나도 사강사를 하면서 조교를 겸했다.

내 생각에 보른 교수는 조머펠트 교수보다 좀더 수학에 기울어 있었다.

그의 옆에는 항상 프랑크*가 있었는데 보른 교수와는 학창시절을 함께 보낸 벗이었다.

프랑크는 헤르츠*와 더불어 원자들이 정말로 양자화된 특정 에너지만 흡수할 수 있음을 실험으로 확인했다.

그럼으로써 보어의 양자화된 원자모형에 실험적 근거를 제공했다.

- **제임스 프랑크**(James Frank, 1882~1964) 독일 함부르크 태생의 물리학자. 1933년 미국으로 이주했다. 프랑크-헤르츠 실험으로 양자론의 발전에 기여했으며, 이 공로로 1925년 헤르츠와 함께 노벨물리학상을 받았다.
- **구스타프 헤르츠**(Gustav Ludwig Hertz, 1887~1975) 주파수 단위인 헤르츠를 만든 하인리히 헤르츠와는 다른 인물이다.

보른 교수는 프랑크를 패러데이•와 동등한 수준으로 높이 평가하던 터라, 물리학적 직관이 필요할 때는 언제든지 그의 도움을 받았다.

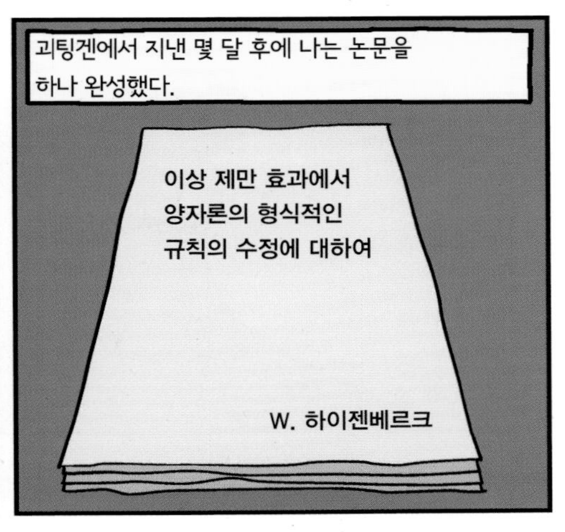

괴팅겐에서 지낸 몇 달 후에 나는 논문을 하나 완성했다.
이상 제만 효과에서
양자론의 형식적인
규칙의 수정에 대하여
W. 하이젠베르크

그리고 박사학위 구두시험을 치른 지 일 년 만에 교수 자격을 취득했다.
하이젠베르크 박사, 이 논문을 교수 자격 취득 논문으로 받아들이겠네.
네, 고맙습니다.

나중에 들은 이야기인데, 조머펠트 교수가 보른 교수를 만났을 때 이렇게 말했다고 한다.

뮌헨 학부에 대한 도전인가요?

박사 시험을 겨우 통과한 내가 이렇게 빨리 교수 자격을 얻은 것을 신통하게 여기셨던 것 같다.
기다려 보십시오. 그 일이 제대로 된 것임을 하이젠베르크 스스로가 입증할 테니까요.
알아요. 알고말고요. 하하하.

• **마이클 패러데이(Michael Faraday, 1791~1867)** 가난한 집안에서 태어나 고등교육을 받지 못했음에도 과학사에 길이 남을 많은 업적을 남겼다. 영국 화학자 험프리 데이비 밑에서 조수로 일하면서 화학을 배우고 뛰어난 실험을 해냈다. 패러데이의 전자기 유도 법칙에서 알 수 있듯이 전자기학에서도 큰 업적을 남겼다. 전자기 유도 법칙은 자석의 운동이 전류를 만들어낸다는 원리를 말한다.

1924년 4월, 코펜하겐으로 가는 배

보어 축제에서 보어 교수를 만난 후 일 년 반의 시간이
더 지나서야 다시 그를 방문할 수 있었다.

그곳에서 나는 그로부터 진정한 물리학을 배우게 될 것이라고 확신했다.

물리학에서 **원자의 문제**

아인슈타인과 함께 20세기 최고의 과학자로 꼽히는 미국 물리학자 리처드 파인먼(Richard Feynman, 1918~1988)은 "만일 기존의 모든 과학적 지식을 송두리째 와해시키는 대재앙이 일어나서 다음 세대에 물려줄 과학적 지식을 단 한 문장으로 요약해야 한다면, 그것은 아마도 원자 가설일 것이다. 즉 모든 물질은 원자로 이루어져 있으며, 이들은 영원히 운동을 계속하는 작은 입자로서 거리가 어느 정도 이상 떨어져 있을 때에는 서로 잡아당기고, 외부의 힘에 의해 압축되어 거리가 가까워지면 서로 밀어낸다는 가설이 그것이다."라고 하였다.

파인먼은 다재다능하고 천재적이며 괴짜이기도 했던 물리학자로 알려져 있다. 전자와 자기장의 상호작용을 양자론에 입각해 다루는 양자전기역학(QED)에서 상대론적 조건을 만족시키는 이론화 작업을 완성했다. 이 공로로 1965년 노벨물리학상을 받았다.

이 세상에 존재하는 다양한 종류의 사물과 생명체, 그리고 그것들이 만들어내는 복잡한 현상의 근원에 반드시 원자가 존재한다는 생각이야말로 사물의 이치를 알고 싶어하는 물리학자에게는 매우 매력적인 것이다. 파인먼의 말처럼 대부분의 과학자들은 원자가 사물의 근본이라는 생각이 세대를 이어서 전수되어야 할 물리학의 핵심 개념이라고 믿고 있다.

원자라는 개념을 처음 사용한 사람은 그리스 철학자 데모크리토스(Democritos, 기원전 460~380년경)였다. 근대적 원자론은 19세기 초 영국의 존 돌턴(John Dalton, 1766~1844)에 의해 제창된다. 돌턴의 원자설은 더 이상 쪼갤 수 없는 입자가 물질을 이루는 기본 단위라는 개념에서는 고대 원자론과 차이가 없지만, 근대과학의 발달에 힘입어 최초로 화학적 원자론을 제시했다는 데 의의가 있다. 돌턴 이후 원자 내부 구조를 예측하는 다양한 원자모형 가설이 등장한다.

조지프 톰슨(Sir Joseph John Thomson, 1856~1940)은 음극선관 실험을 통해 일명 푸딩 모델(Plum Pudding Model)로 불리는 원자모형을 주장했다. 톰슨의 원자모형은 양전하가 원자 전체에 고르게 퍼져 있고 곳곳에 음전하를 띠는 전자가 건포도처럼 박혀 있는 모양이다. 당시 대다수 과학자들은 음극선관에서 방출되는 것은 빛처럼 비물질적인 것이라고 믿고 있었지만, 톰슨은 여기에 회의적이었다. 톰슨은 음극선에 전하를 띤 입자가 포함되어 있을 것으로 예상하고, 이를 분리하기 위해 그림과 같은 실험 장치를 고안했다. 음극선이 전하를 띤 입자를 포함하고 있는 빛이라면 자기장을 통과하면서 전하를 띤 입자는 빛으로부터 분리되어야 한다. 분리된 전하를 감지할 수 있도록 전위차계를 연결했지만 전하량은 감지되지 않았다. 따라서 음극선은 빛과 같은 비물질과 음전하를 띤 작은 입자가 함께 섞여서 분리할 수 없다는 결론을 얻었다.

톰슨은 정전기장 속에서 음극선이 휘지 않는다고 주장했던 헤르츠의 생각이 잘못되었음을 입증하기 위해 두 번째 실험을 준비했다. 톰슨은 헤르츠의 실험에서는 진공관 내에 너무 많은 기체가 포함되어 있었기 때문에 음극선이 전기장에 의해 휘는 현상을 관찰할 수 없었다고 생각했다. 따라서 톰슨은 진공관의 진공도를 높이고 두 개의 슬릿을 사용해서 가느다란 음극선을 만들 수 있었으며 전기장에 의해 휘는 현상을 관찰했다. 또 전기장의 세기가 같은 경우에는 음극으로 사용된 금속 원자의 종류를 바꾸어도 음극선의 휘는 정도가 변하지 않는 것을 확인했다. 이로부터 음극선은 모든 원자 내에

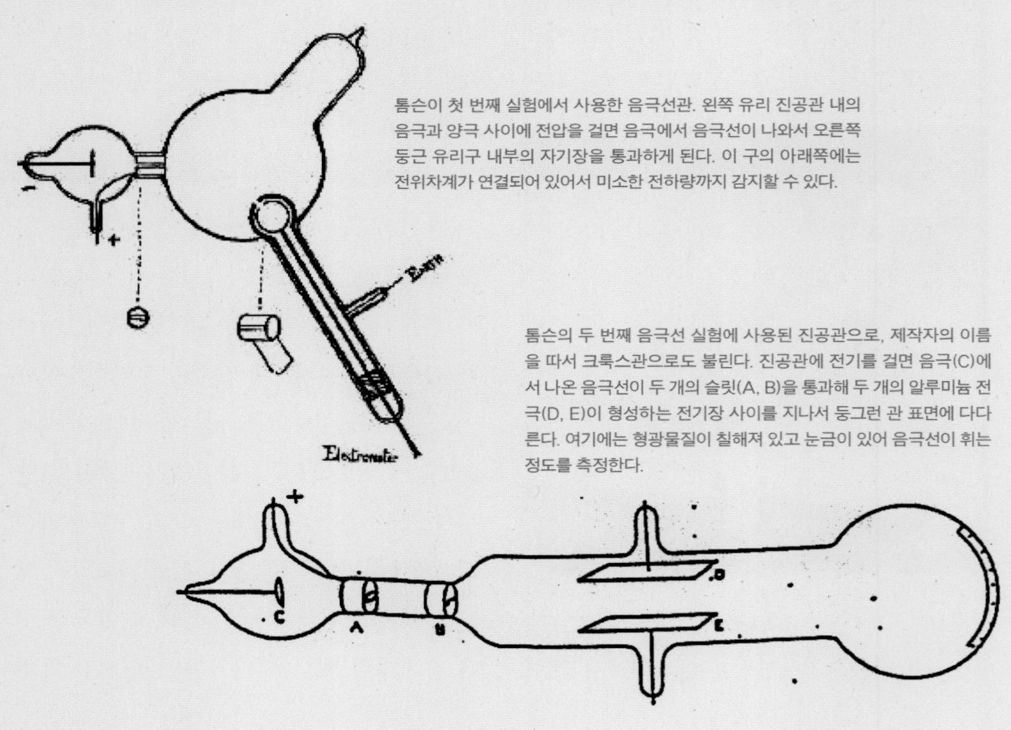
-
+
Electrometer
+
C
A
D
E

톰슨이 첫 번째 실험에서 사용한 음극선관. 왼쪽 유리 진공관 내의 음극과 양극 사이에 전압을 걸면 음극에서 음극선이 나와서 오른쪽 둥근 유리구 내부의 자기장을 통과하게 된다. 이 구의 아래쪽에는 전위차계가 연결되어 있어서 미소한 전하량까지 감지할 수 있다.

톰슨의 두 번째 음극선 실험에 사용된 진공관으로, 제작자의 이름을 따서 크룩스관으로도 불린다. 진공관에 전기를 걸면 음극(C)에서 나온 음극선이 두 개의 슬릿(A, B)을 통과해 두 개의 알루미늄 전극(D, E)이 형성하는 전기장 사이를 지나서 둥그런 관 표면에 다다른다. 여기에는 형광물질이 칠해져 있고 눈금이 있어 음극선이 휘는 정도를 측정한다.

공통적으로 들어 있는 음전하를 띤 입자(전자)의 흐름이라는 사실을 알게 되었다.

톰슨의 실험으로 전자의 존재가 최초로 발견되었을 뿐만 아니라, 더 이상 쪼개지지 않는 최소 입자로서의 원자 개념도 부정되었다. 그리고 아원자(subatom) 단위의 소립자 발견은 전자에 그치지 않았다. 러더퍼드의 실험으로 원자핵이 존재한다는 사실이 밝혀졌지만, 원자핵도 최소 입자의 지위를 지키지 못했다. 핵도 양성자와 중성자라는 핵자로 구성된다는 사실이 밝혀졌기 때문이다. 그리고 양성자와 중성자도 '쿼크'라는 더 작은 입자로 쪼개지는데, 쿼크에는 6종류(up/down, charm/strange, top/bottom)가 있다. 입자가속기의 성능이 향상됨에 따라 계속 새로운 입자가 발견되었다. 현재까지 발견된 소립자는 약 300종류에 이른다.

여하튼, 톰슨의 원자모형은 러더퍼드의 알파입자 산란 실험에 의해 부정된다. 러더퍼드는 톰슨의 원자모형의 타당성을 검증하기 위해 새로운 실험을 고안했다. 납으로 된 용기에 방사성 원소를 담고 얇은 금박을 향해 입구를 열어 놓으면 방사성 원소에서 나온 알파입자가 아주 빠른 속력(약 16,000km/s)으로 금박을 향해 진행하게 된다. 러더퍼드는 톰슨의 원자모형과 알파입자의 빠른 속력을 고려하여 알파입자가 금박을 무난히 통과하리라 예상했다. 그러나 실험 결과는

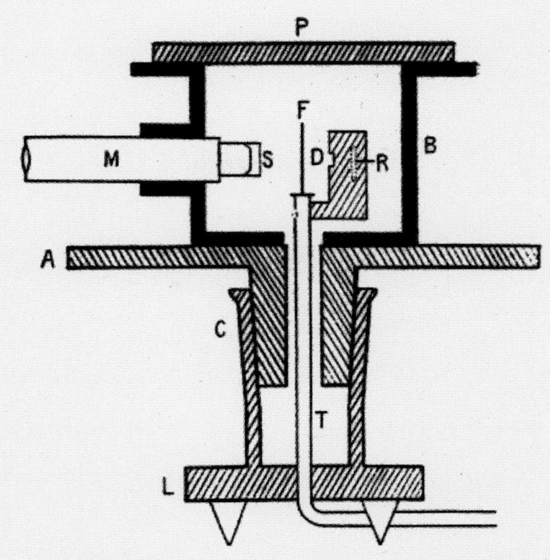
P
F
M
S
D
R
B
A
C
T
L
알파입자(R)가 얇은 금박(F)에서 산란된다. 현미경(M)은 원통(B) 주변을 자유롭게 회전하면서 임의의 각도로 산란된 알파입자의 수를 센다.

예상과는 달리 되튕겨 나오는 알파입자가 일부 발견되었다. 러더퍼드는 실험 결과를 설명하기 위해 원자의 대부분의 질량이 아주 작은 크기의 양전하를 띤 핵에 몰려 있고, 그 주위에는 음전하를 띤 전자들이 둘러싸고 있는, 태양계를 축소한 것과 같은 원자모형을 제안했다.

러더퍼드의 원자모형은 전자가 원자핵 주위를 공전하면서 전자기파를 방출하다 보면 에너지가 소진되어 양성자로 떨어질 수밖에 없다는 모순을 안고 있었다. 이 모순을 해결하려는 시도가 닐스 보어의 원자모형이었다. 보어는 전자가 안정한 특정 궤도에만 존재할 수 있으며, 이상 제만 효과라고 불린 선스펙트럼 분리 현상은 전자가 궤도를 전이할 때 흡수하거나 방출하는 양자화된 에너지 때

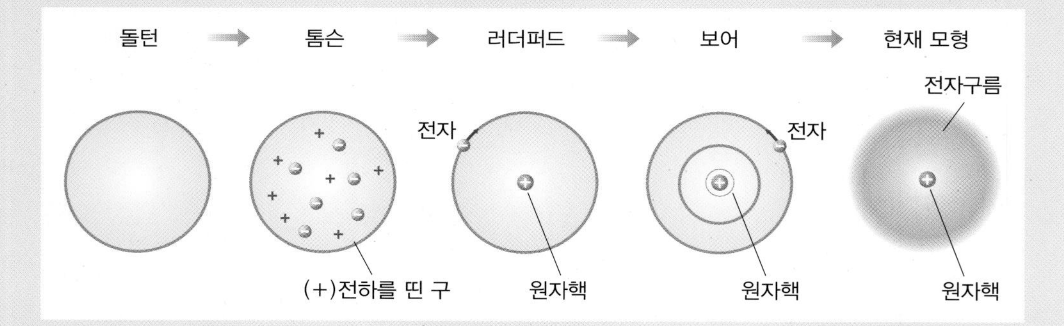
돌턴
톰슨
러더퍼드
보어
현재 모형
전자구름
전자
전자
(+)전하를 띤 구
원자핵
원자핵
원자핵

문이라고 주장했다. 이는 보어가 원자모형에 양자론을 접목한 것이었다. 요컨대, 원자모형이 안고 있는 모순점을 해결하는 과정에서 양자역학이 탄생했다고 볼 수 있다.

하이젠베르크의 불확정성 원리를 기반으로 하는 양자역학은 전자나 원자핵의 위치와 속도를 동시에 기술하는 것을 포기했다. 비슷한 시기에 드 브로이에 의해 전자 같은 입자가 파동의 성질을 갖는다는 물질파 개념이 세상에 알려지면서, 원자는 원자핵 주위에 전자구름이 확률적으로 분포하는 모형으로 설명되었다.

물리학자들 중에는 원자의 존재를 부정하는 사람이 있었다. 우리에게도 익숙한 에른스트 마흐(Ernst Mach, 1838~1916)는 자신이 경험할 수 없는 원자의 존재를 인정하지 않았던 것으로 유명하다. 루드비히 볼츠만(Ludwig Eduard Boltz-mann, 1844~1906)은 원자들의 운동을 통계적으로 다루는 통계물리학을 정립한 것으로 유명한데, 마흐와의 논쟁에 지쳐서 우울증에 시달리다 1906년 자살로 생을 마감했다. 볼츠만이 죽기 1년 전인 1905년에 아인슈타인이 물에 띄운 꽃가루 입자가 물 위를 불규칙적으로 운동하는 현상인 브라운 운동을 원자의 존재와 통계적 요동을 바탕으로 전개한 논문을 발표했지만 볼츠만의 죽음을 막기에는 역부족이었다.

이것은 물리학자들이 감각을 통해 경험할 수 없는 원자의 세계에 대해 얼마나 치열하게 고민하였는지를 보여 주는 일화이다. 1920년대 물리학자들 역시 한 번도 볼 수 없었던 원자의 세계를 설명하기 위해 많은 노력을 기울였다. 각자의 방법과 철학으로 가설을 세우고 토론과 대화를 통해 이론의 완성도를 높여 가면서 실험적 증거를 이끌어냈다. 이러한 물리학자들의 노력 덕분에 오늘날 우리는 전자현미경을 통해 원자의 배열 정도는 확인할 수 있게 되었다. 게다가 거대한 입자가속기를 이용하여 원자 내 소립자의 물성까지 알아내는 시대를 맞이하고 있다.

3 행렬역학의 탄생

수소 원자의 선스펙트럼을 설명하다

양자역학에 대하여
II

1924년 덴마크 코펜하겐
보어 교수님이 알려 주신 집은 도대체 어디 있는 걸까?

이 집인가? 맞군! 드디어 찾았다!

똑 똑

안녕하세요? 마르 부인이시죠?
어서 오세요. 그렇지 않아도 기다리고 있었어요. 보어 교수님이 미리 말씀해 주셨거든요.

여기가 선생님이
앞으로 묵을 방이에요.

고맙습니다, 부인.
방이 아늑하고 좋군요.

나는 마르 부인의 집에 머무는 동안 부인에게서 덴마크어를 배울 수 있었다.

보어 연구소에는 세계 곳곳에서 모여든 뛰어난 재능을 가진 젊은이들이 많았다.

보어 교수님의 얼굴을 좀처럼 볼 수가 없네.

덴마크어를 잘 모르니 다른 연구원들과 이야기하는 것도 어렵고, 내 신세가 몹시 처량하게 되었군!

그 시절 보어 교수는 연구소의 행정 업무에 많은 시간을 빼앗기고 있었다.

그래서 나는 그에게 나를 위해 시간을 할애해 달라고 말하기가 어려웠다.
어휴, 얼마나 바쁘셨으면…. 지내는 동안 알아서 해야지.

다행히 며칠 후 보어 교수는 내가 있는 연구실로 찾아오셨다.

어, 교수님?
많이 바쁘실 텐데
어떻게?
미안하네.
자네를 이곳으로
불러 놓고 밥도 한 끼
제대로 나누지 못했군.

나와 함께 며칠 동안
셸란 섬으로 도보 여행을
가지 않겠나?
자네에 대해
좀더 알고 싶은데.
어떤가?

저야 언제든지
좋습니다.

1차 세계대전에 대해
어떻게 생각하나?
그때 전 고작
열두 살이었어요. 하지만
어른들의 대화를 듣고 모든 것이
갑자기 심각하게 변했다는 것을
알았어요. 독일은 오스트리아
황실과 잘 지내온
사이였기 때문에

세르비아 비밀조직의
황태자 부부 암살 사건을
일대 도전으로 받아들였던 거예요.
하지만 1차대전은 우리
독일인에게도 상처이자
아픔이지요.
흠, 그렇게 생각하고 있군.
자네는 이 조그만 나라 사람들이
그때의 역사에 대해 매우 다르게
생각하고 있다는 점을
이해해야 할걸세.*

도보 여행의 최종 목적지는 셸란 섬 서북쪽 티스빌데에 있는 별장이었다.
헨드리크, 어서 오게.
이 친구가 바로 베르너
하이젠베르크야.

나는 나중에 헨드리크 크라머스와
공동으로 연구하여 크라머스-
하이젠베르크 분산 공식을 발표했다.

우리는 보어 교수의 별장에서
원자물리학에 대해
오래도록 이야기를 나누었다.

이날의 대화는 뒷날 우리들의 사고에 큰 영향을 주었다.

* 1차대전에 관해 나눈 두 사람의 대화는 침략국 독일과 피침국 덴마크 간의 입장 차이로 인해 긴장이 발생할 수 있었으나 서로 상대방의 입장을 헤아리고 존중하는 가운데 이뤄졌다.

며칠 후
하이젠베르크 군, 그동안 연구한 결과를 컬로퀴엄에서 발표해 보는 게 어떻겠나?
네? 그럴 수 있게 해주신다면 영광이지요.

드디어 나에게도 기회가 온 거야.

마르 부인, 제가 컬로퀴엄에서 발표를 하게 됐어요. 덴마크어로 하는 것이 좋을 듯한데, 좀 도와주시겠어요?
기꺼이 도와드려야죠.

잘하셨어요. 이 정도면 완벽해요.

교수님, 덴마크어로 설명할 수 있도록 준비를 철저히 했습니다.
뭐라고? 덴마크어로?

하하하! 괜한 고생을 했군! 컬로퀴엄 강연은 영어로 하는 것이 관례라네!

네, 영어로요?

1925년 4월, 나는 사강사의 의무를 다하기 위해 괴팅겐대학으로 다시 돌아왔다.

이제 원자물리학의 중심지라고 할 만한 뮌헨과 코펜하겐,
그리고 괴팅겐을 모두 거친 셈이야.

뮌헨대학 사람들은 원자 내부를 일종의 축소된 행성 체계인 보어-조머펠트 원자모형으로 설명하지.
^{11}Na
1s^2, 2s^2, 2p^6, 3s^1

조머펠트 교수님은 자기장과 전기장 속에서 원자의 스펙트럼 선이 분리되는 현상을 설명하려고 전자의 궤도를 고집하신다.

수소 원자 스펙트럼의 미세구조를 설명하기 위해 타원궤도를 도입한 것처럼 말이야.

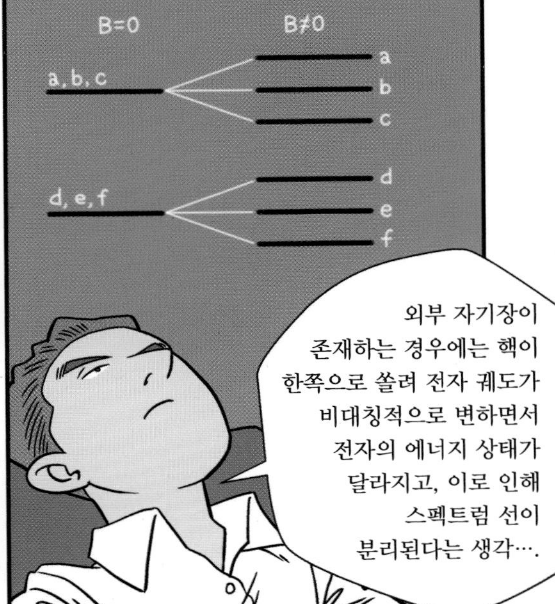
B=0
B≠0
a, b, c
a
b
c
d, e, f
d
e
f
외부 자기장이 존재하는 경우에는 핵이 한쪽으로 쏠려 전자 궤도가 비대칭적으로 변하면서 전자의 에너지 상태가 달라지고, 이로 인해 스펙트럼 선이 분리된다는 생각….

하지만 보어 교수님은 원자 내부의 상태를 이해하기 위해서는 지금까지 알려진 개념을 포기해야 한다고 했다.
연속적인 물리량을 다루는 뉴턴역학으로는 양자화된 원자의 세계를 설명할 수 없다.
그리고 전자가 입자인지 파동인지도 확실하지 않기 때문에 이미 알려진 개념을 적용하는 데는 한계가 있다.
보어 교수님은 에너지 보존 법칙 원자 내부에서도 유효할 것이라고 본

그래, 코펜하겐에 있을 때 크라머스와 함께 연구했던 대로 수소 원자의 스펙트럼 선의 세기에 대한 공식을 만들어 봐야겠어.

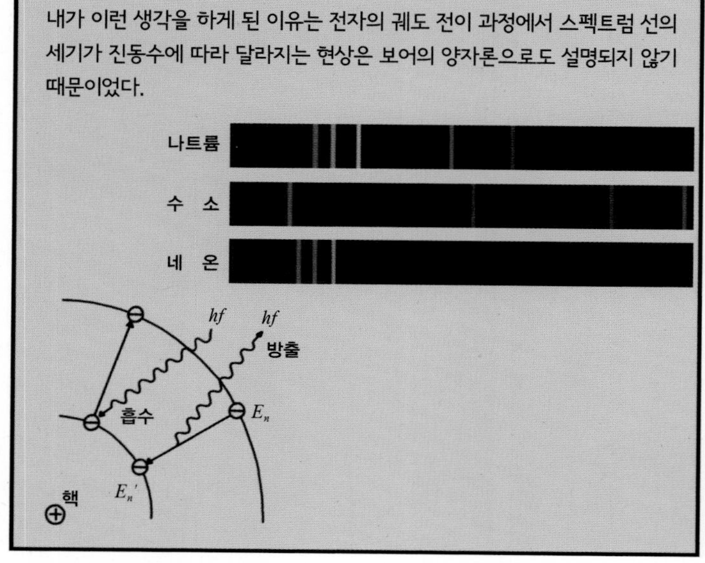
내가 이런 생각을 하게 된 이유는 전자의 궤도 전이 과정에서 스펙트럼 선의 세기가 진동수에 따라 달라지는 현상은 보어의 양자론으로도 설명되지 않기 때문이었다.
나트륨
수 소
네 온
hf
hf
방출
흡수
E_n
E_n'
핵

보어 교수도 이를 잘 알고 있었기 때문에 크라머스, 슬레이터와 함께 새로운 복사이론을 만들려고 했다.

• 1925년 당시에는 전자가 입자라는 증거는 발견되었지만 파동이라는 증거는 없었다. 다만 프랑스 물리학자 루이 드 브로이가 주장한 물질파 개념이 있었을 뿐이다.

• **존 슬레이터(John C. Slater, 1900~1976)** 미국 물리학자로, 1924년 당시 박사후 연구원으로 보어와 함께 연구했다.

이 작업은 수학적으로 매우
복잡해서 실패로 끝났지만,
나는 새로운 확신을 얻었다.

원자 내부의 상태를 이해하기
위해서는 전자의 궤도 대신에
광자의 진동수와 스펙트럼 선의
세기를 결정하는 양을
사용할 수 있겠다는 확신!

그래 맞아! 광자의
진동수와 스펙트럼 선의
세기는 직접 관찰할 수
있는 양이니까.

내가 이렇게 생각하게 된 것은 실증주의 철학의 영향
때문이었다.

달랑베르는 과학은
실제로 관찰할 수
있는 것에만 의거해야
한다고 했어.

지금까지 양자론은 수소 원자의 에너지를 계산하는 데 관찰 불가능한 양인 전자의 위치, 회전시간 따위를 사용했지.

아인슈타인이 특수상대성이론에서 절대정지의 개념을 부정하고 상대성 원리를 만들었듯이*

관찰할 수 있는 것만이 과학의 내용이 되어야 하는 거야.

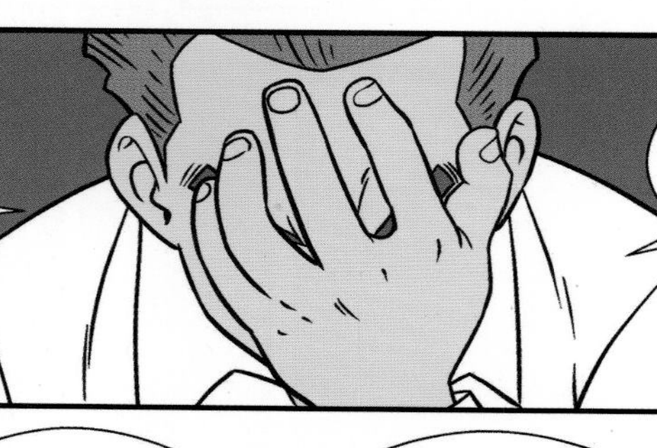
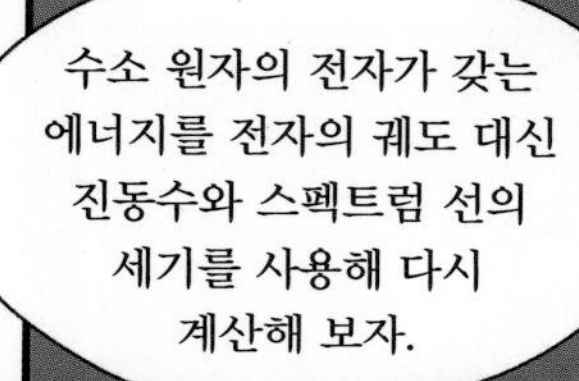
수소 원자의 전자가 갖는 에너지를 전자의 궤도 대신 진동수와 스펙트럼 선의 세기를 사용해 다시 계산해 보자.
스펙트럼 선의 세기는 결국 흡수 또는 방출되는 에너지와 관련이 있을 텐데….

보어 교수는 초기에 빛을 입자로 보았지. 고전물리학에 의하면 빛의 세기는 파동의 진폭과 관계가 있어.
그의 주장대로라면 스펙트럼 선의 세기는 설명할 수 없었어.

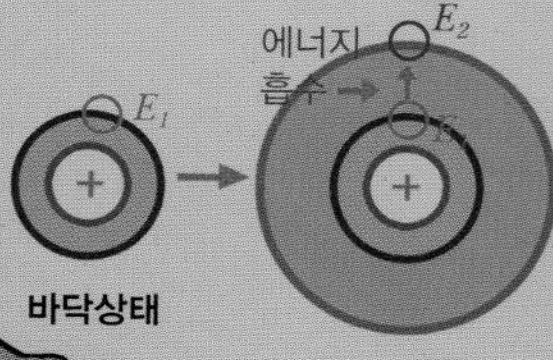

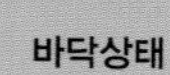
그래서 다시 생각해낸 것이 파동의 진폭 대신 궤도 사이의 전이확률이었지.
궤도 사이의 전이확률이 클수록 스펙트럼 선의 세기는 강해진다.
E_1
바닥상태
에너지 흡수
E_2
들뜬상태
E_2
빛 에너지 방출
바닥상태

그래, 바로 이거야!
전이확률에 대한 정확한 지식만 있다면 원자 내부에 대한 모든 것을 알 수 있을지도 몰라.

그러나 이 시도도 수소 원자 구조의 복잡성 때문에 좌절되고 말았다.•

나는 수학적으로 쉽게 접근할 수 있는 좀더 간단한 역학계를 찾기 시작했다.
분자 안의 진동을 모델화하기 위해 사용하는 1차원 비조화 진동자(anharmonic oscillator)를 수소 원자 대신 써 보자.

조화 진동이란 변형을 가했을 때, 변형된 길이에 비례하는 크기의 복원력이 작용하는 진동 현상이다.
F : 복원력
k : 용수철의 탄성계수
x : 평형점으로부터 변형된 길이
F=−kx
x
F=kx
−x

• 운동장에 정지해 있는 관측자에게 축구 골대는 정지 상태로 보이지만, 운동장에서 v의 속도로 직선 운동을 하는 관측자에게는 축구 골대가 $-v$의 속도로 움직이는 것으로 보인다. 상대성 원리는 관측자의 운동 상태에 따라 '정지'라는 상태는 다를 수 있다는 데 착안하여 도출된 것이다.

• 수소가 가장 간단한 구조의 원소이지만 3차원 입체 구조이기 때문에 수학적으로 계산한다는 것이 간단하지 않다.

비조화 진동은, 복원력이
변형된 길이와 비선형적인
관계를 만족하는 진동 현상이야.
2개의 원자로 이루어진 분자의
경우처럼 말이지.

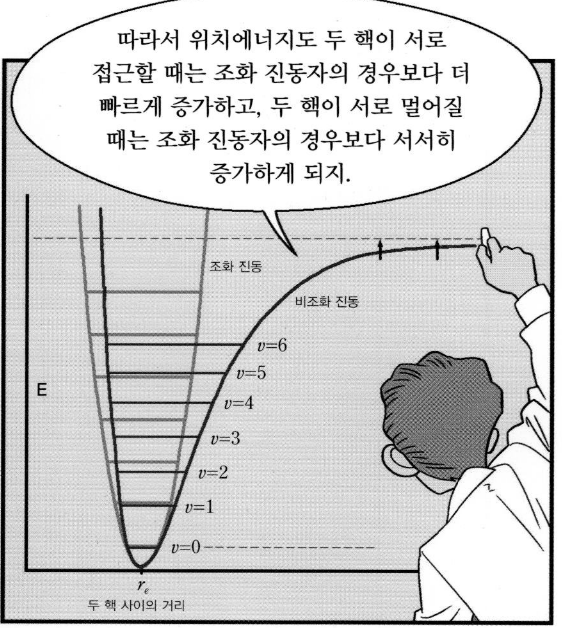
따라서 위치에너지도 두 핵이 서로 접근할 때는 조화 진동자의 경우보다 더 빠르게 증가하고, 두 핵이 서로 멀어질 때는 조화 진동자의 경우보다 서서히 증가하게 되지.
조화 진동
비조화 진동
E
v=6
v=5
v=4
v=3
v=2
v=1
v=0
r_e
두 핵 사이의 거리

두 개의 핵이 서로 접근하면
쿨롱 반발력•이 증가하고,
멀어지면 쿨롱 반발력이 감소하기
때문에 복원력이 변형된 길이에
단순히 선형적인 관계로
표현되지는 않지.

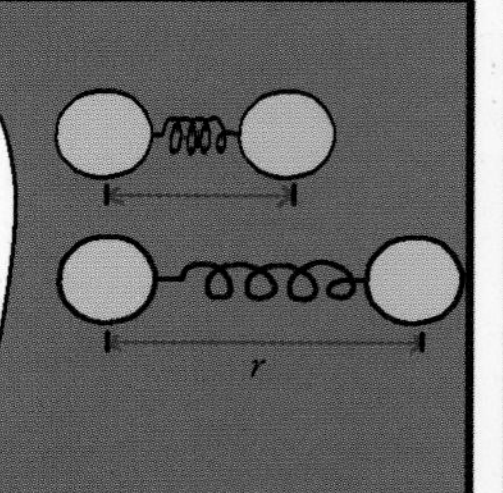
r

이런 비조화 진동자가 임의의 상태로부터 다른 상태로 전이될 확률을 계산을 통해 확인하는 거야!
이 생각을 다듬는 동안 괴팅겐의 아름다운 초여름은 내게 몇 차례의 열병을 선사했다.

원자 내 전자의 상태에 대한 실마리를 찾아낼 것만 같은 느낌이 들었다.

이런 느낌이 나를 연구에 빠지게 만들었고,

결국 나는 몸져눕게 되었다.

• **쿨롱 반발력** 같은 전하를 띤 물체들(예를 들면 +로 대전된 두 물체) 사이에는 서로 밀어내는 힘이 작용하는데 이것을 쿨롱 반발력이라고 한다. 이 힘은 두 물체 사이의 거리의 제곱에 반비례한다.

나는 보른 교수에게 말해서 2주일의 휴가를 받아 헬골란트 섬으로 떠났다.
1925년 6월 헬골란트 섬

나는 여관 3층에 숙소를 정했다.

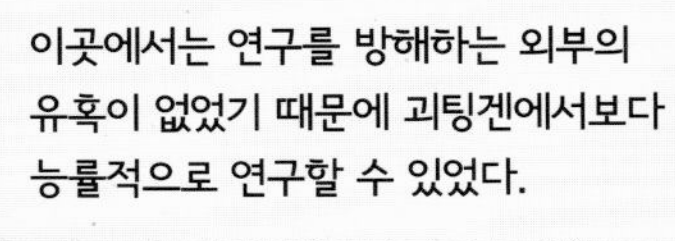
이곳에서는 연구를 방해하는 외부의
유혹이 없었기 때문에 괴팅겐에서보다
능률적으로 연구할 수 있었다.

헬골란트에 도착한 지 며칠 만에 나는 수식을 간단하게 만드는 데
성공했다.

보어의 대응원리(correspondence principle)에 의하면 양자역학의 극한은 고전물리학과 같은 결과가 되어야 한다.

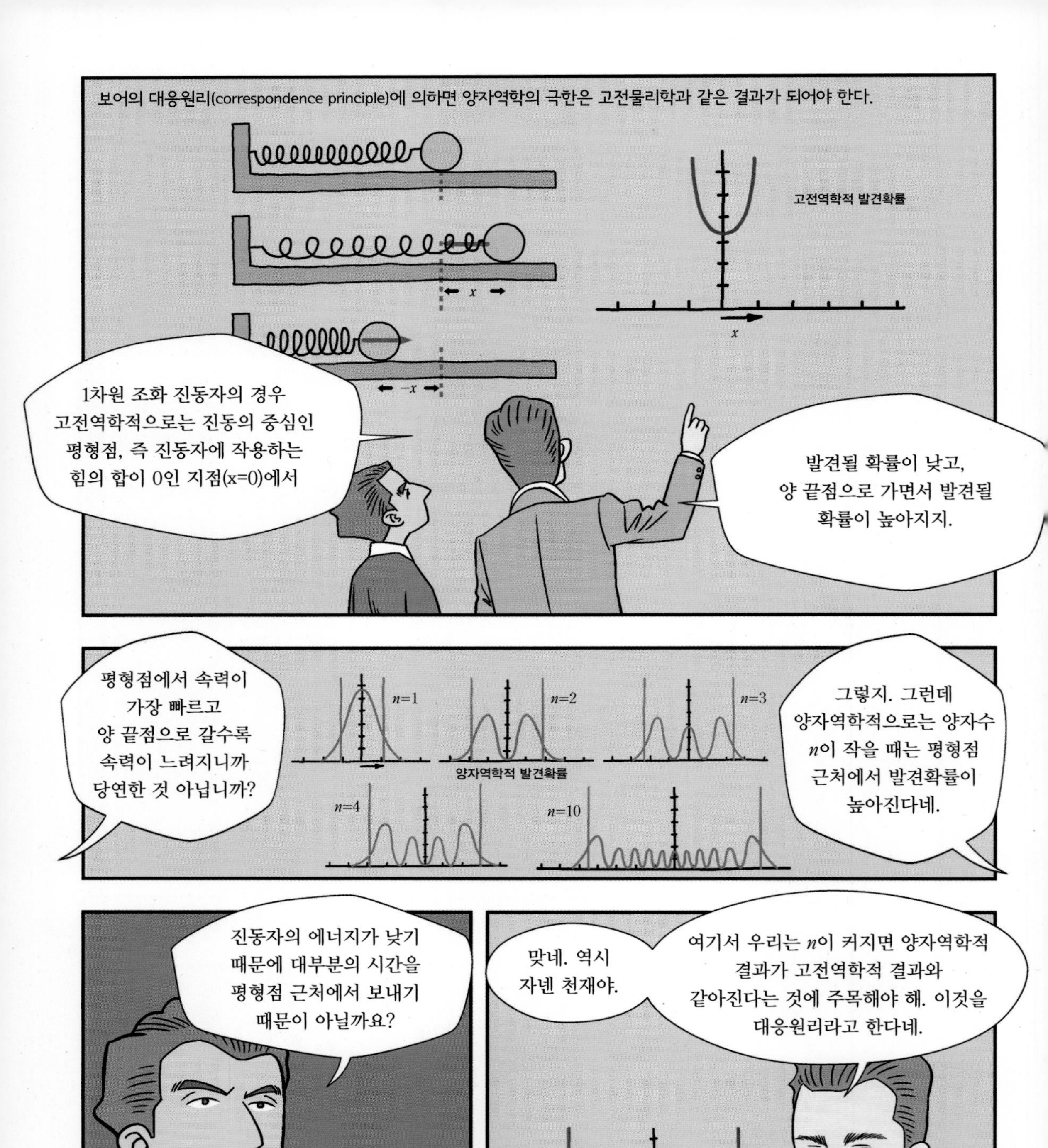

고전역학적 발견확률
x
−x
1차원 조화 진동자의 경우 고전역학적으로는 진동의 중심인 평형점, 즉 진동자에 작용하는 힘의 합이 0인 지점(x=0)에서
발견될 확률이 낮고, 양 끝점으로 가면서 발견될 확률이 높아지지.
평형점에서 속력이 가장 빠르고 양 끝점으로 갈수록 속력이 느려지니까 당연한 것 아닙니까?
n=1
n=2
n=3
양자역학적 발견확률
n=4
n=10
그렇지. 그런데 양자역학적으로는 양자수 n이 작을 때는 평형점 근처에서 발견확률이 높아진다네.
진동자의 에너지가 낮기 때문에 대부분의 시간을 평형점 근처에서 보내기 때문이 아닐까요?
맞네. 역시 자넨 천재야.
여기서 우리는 n이 커지면 양자역학적 결과가 고전역학적 결과와 같아진다는 것에 주목해야 해. 이것을 대응원리라고 한다네.

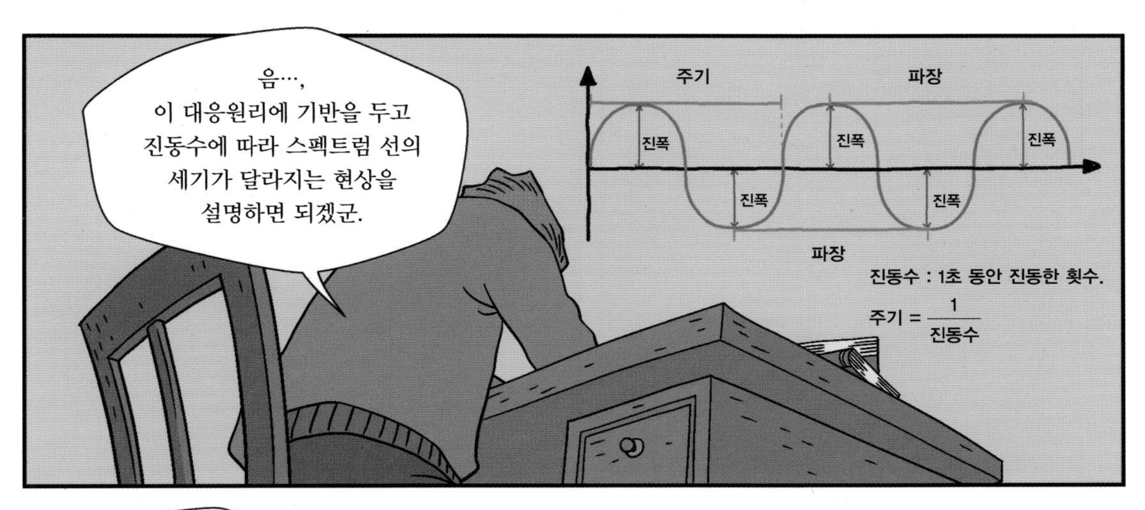

음…,
이 대응원리에 기반을 두고
진동수에 따라 스펙트럼 선의
세기가 달라지는 현상을
설명하면 되겠군.
주기
파장
진폭
진폭
진폭
진폭
진폭
파장
진동수 : 1초 동안 진동한 횟수.
주기 = 1/진동수

보어는 고전물리학에서 빛의 세기가 진폭(Q)과 진동수(ν)의 함수임을 이용해서 전자의 전이성분(q)을 다음과 같이 표현했다.
$q=\Sigma Q(n, n-\tau)e^{i2\pi\nu(n, n-\tau)t}$
(n, τ : 양자수)

이 식에서 q는 양자수가 n인 상태에서 $n-\tau$인 상태로 전자가 전이하면서 진동수 ν인 빛을 방출 또는 흡수할 때의 전이성분이다. 전이성분을 제곱하면 전이확률이 된다.
나는 대응원리를 떠올리며, 전이성분을 위치성분으로 간주해서 뉴턴의 운동방정식에 대입해 보았다.
그러나 이와 같은 보어의 설명은 전자의 궤도가 큰 경우에는 스펙트럼 선의 세기를 설명하는 데 어려움이 없었지만 궤도가 작은 경우를 설명할 수 없었다.
보어 교수님이 양자가설을 만들어냈던 것처럼 개척자 정신을 발휘하여 새로운 시도를 해보자.

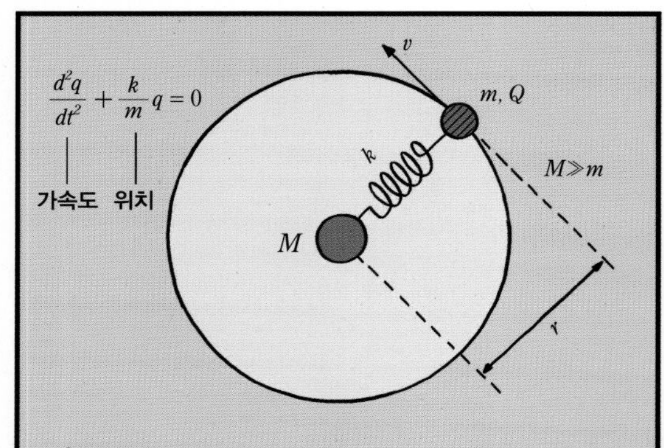

$\frac{d^2q}{dt^2} + \frac{k}{m}q = 0$
가속도 위치
v
m, Q
k
$M \gg m$
M
r

$\frac{d^2q}{dt^2}$: 전자의 위치 q를 시간에 대하여 2차 미분한 값으로 가속도에 해당

k: 용수철의 탄성계수

m: 전자의 질량

핵의 질량 M은 전자의 질량 m에 비해 상당히 크기 때문에 운동방정식을 위와 같이 간단하게 근사할 수 있다.

그림과 같이 핵과 전자가 용수철로 연결되어 수축과 이완을 반복하면서 전자가 핵 주위를 원운동 한다면 운동 방정식은 이렇게 되겠지.

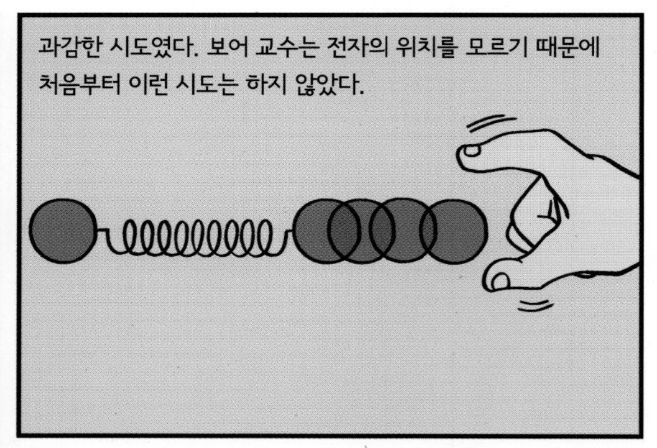

과감한 시도였다. 보어 교수는 전자의 위치를 모르기 때문에 처음부터 이런 시도는 하지 않았다.

결국 나는 보어의 원자모형을 이용해서 빛의 세기를 설명할 수 있는 방법을 알아낸 것이다.

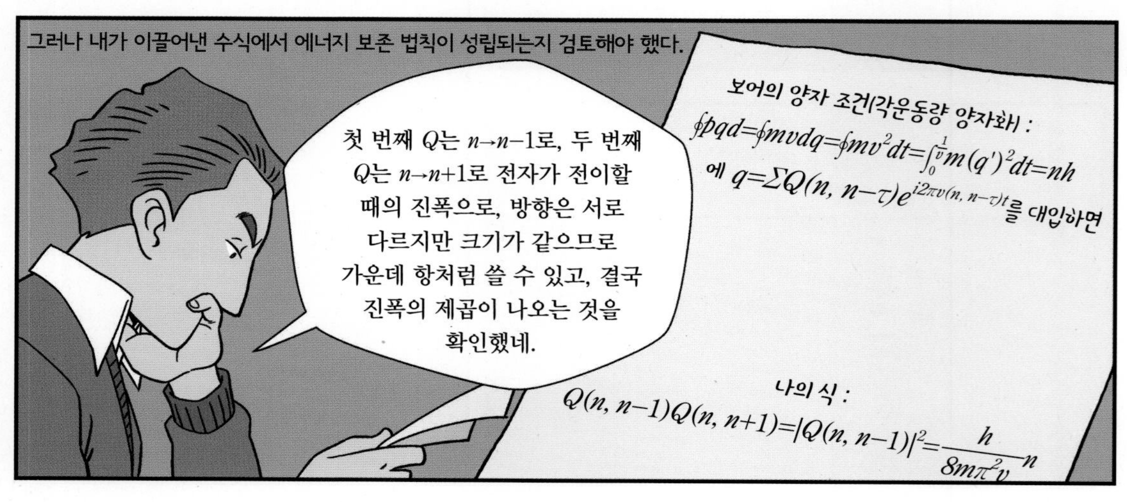

그러나 내가 이끌어낸 수식에서 에너지 보존 법칙이 성립되는지 검토해야 했다.
첫 번째 Q는 $n \to n-1$로, 두 번째 Q는 $n \to n+1$로 전자가 전이할 때의 진폭으로, 방향은 서로 다르지만 크기가 같으므로 가운데 항처럼 쓸 수 있고, 결국 진폭의 제곱이 나오는 것을 확인했네.
보어의 양자 조건(각운동량 양자화) :
$\oint pqd=\oint mvdq=\oint mv^2dt=\int_0^{\frac{1}{\nu}} m(q')^2dt=nh$
에 $q=\Sigma Q(n, n-\tau)e^{i2\pi\nu(n, n-\tau)t}$를 대입하면
나의 식 :
$Q(n, n-1)Q(n, n+1)=|Q(n, n-1)|^2=\frac{h}{8m\pi^2\nu}n$

보어 교수님은 미시세계에서도 에너지는 통계적으로 보존된다고 했어.
만약 내 수식에서 에너지 보존 법칙이 성립되지 않는다면 객관적으로 인정받을 수 없을 것 같았다.
나는 이 점에 대해 집중적으로 검토하게 되었다. 꽤나 힘들게 계산을 해나갔다.
마침내 계산이 들어맞았을 때 나는 수학적으로 아무런 모순이 없는 완전한 양자역학이 성립되었다고 생각했다.
원자 내부의 아름다운 세계를 내 눈으로 직접 바라보는 느낌이야!
그날 밤, 나는 흥분의 도가니에 빠져 섬에 있던 바위 위에 올라 내내 기다리다가 일출을 맞이했다.

나는 헬골란트 섬에서 돌아오는 길에
함부르크에 들러서 파울리를 만났다.

보어 교수의 이론에 항상 비판적이었던
파울리도 내 이야기를 듣고 계속 노력해
보라고 격려했다.

1925년 7월 괴팅겐
전자의 궤도 개념이
완전히 제거된 점이
어색한데. 뭔가 찜찜해.

눈으로 볼 수 없는 궤도를
고집하는 것보다 측정할 수
있는 양을 이용하는 것이
바람직하다고 생각해요.
그런가?

보른 교수는 이해할 수는 없었지만 내 연구의
수학적 결과에 대해 관심을 갖고 있는 듯했다.

그는 내가 사용한 식 간의 곱셈이 행렬곱셈임을 즉각 알아차렸다.
$q=\Sigma Q(n,\ n-\tau)e^{i2\pi v(n,\ n-\tau)t}$
이건 전자의 위치 성분을 무한차원 복소 벡터로 표현한 식이다. 그런데 이 식은 벡터 사이의 변환을 나타내는 무한차원 행렬에 대응한다. 이렇게 말이지.
$\begin{bmatrix} q_{11} & q_{12} & \cdots \\ q_{21} & q_{22} & \cdot \\ \vdots & & \end{bmatrix} \begin{bmatrix} p_{11} & p_{12} & \cdots \\ p_{21} & p_{22} & \cdot \\ \vdots & & \end{bmatrix}$

그는 이를 구체화하기 위해 박사학위 제자인 요르단과 함께 나의 생각을 정리하여 행렬역학을 완성했다.

보른 선생님, 우리가 완성한 행렬역학은 $q(m,n)$, $p(m,n)$의 집합으로 이루어진 무한 정사각행렬로 기술됩니다. 양자역학적 전자의 위치인 q나 운동량인 p는 임의의 양자수 m, n에 의하여 결정되는 2쌍의 정상상태라는 특징을 가져요.

다시 말해, 양자수 m인 정상상태에서 양자수 n인 정상상태로 전자가 전이할 때, 전자의 위치 q와 운동량 p는 무한 정사각행렬로 표현된다는 의미예요.
그럼 여기서 전자의 위치 q는 보어-조머펠트 모형에서 제시한 궤도를 뜻하는 것이 아니라 전자의 상태를 나타내는 거로군요.

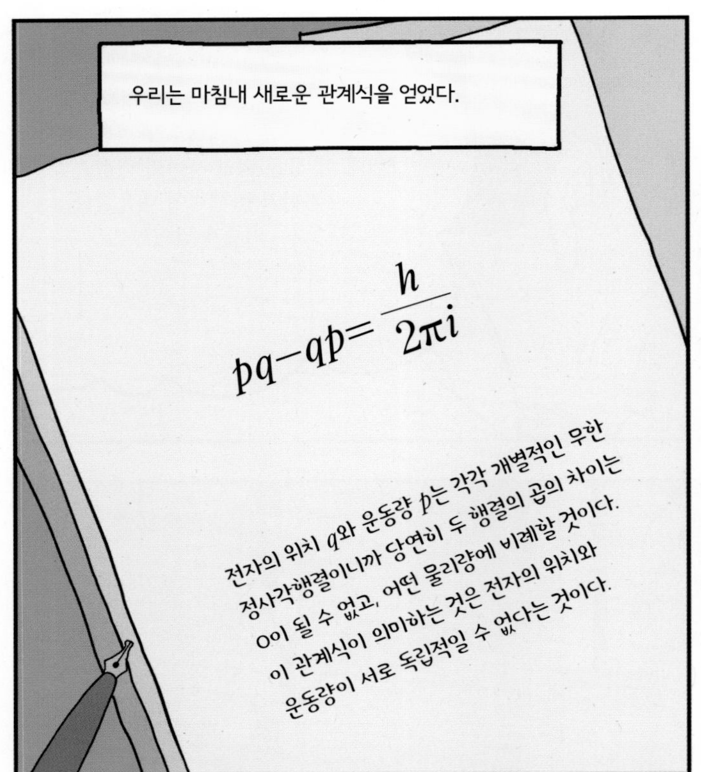
우리는 마침내 새로운 관계식을 얻었다.
$pq-qp=\frac{h}{2\pi i}$
전자의 위치 q와 운동량 p는 각각 개별적인 무한 정사각행렬이니까 당연히 두 행렬의 곱의 차이는 0이 될 수 없고, 어떤 물리량에 비례할 것이다.
이 관계식이 의미하는 것은 전자의 위치와 운동량이 서로 독립적일 수 없다는 것이다.

내가 코펜하겐의 보어 교수에게 가 있는 동안에도 두 사람은 연구에 집중했다.

나와는 편지를 주고받으면서 공동 연구를 진행했다.

이렇게 하여 두 편의 논문이 탄생했다.*

• 1925년, 행렬역학의 탄생을 알리는 논문은 모두 3편이 나왔다. 첫 번째 논문은 하이젠베르크가 보어와 공동 연구한 내용을 담은 단독 저술이었다. 이후 수학적 전통이 강한 괴팅겐의 보른과 요르단의 협력에 힘입어 2편이 논문이 잇달아 나옴으로써 행렬역학이 완성되었다.

첫 번째 논문은 보른과 요르단의 「양자역학에 대하여」였다.
Zur Quantenmechanik.
Von M. Born und P. Jordan in Göttingen.
(Eingegangen am 27. September 1925.)
이 논문은 장래 연구에 대한 나의 구상을 행렬역학으로 발전시키는 계기가 되었다.

두 번째 논문은 우리 세 사람이 공동으로 작성한 「양자역학에 대하여 II」였다. 이 논문은 '3인 연구'라는 이름으로 더 유명하다.
Zur Quantenmechanik. II.
Von M. Born, W. Heisenberg und P. Jordan in Göttingen.
(Eingegangen am 16. November 1925.)

1925년에 제출된 이 논문들은 선형대수학* 같은 수학적 개념을 양자역학에 도입하여 양자역학을 체계적으로 발전시키는 데 기여했다.

이렇듯 양자역학의 수학적 기초를 마련하는 데에는 괴팅겐의 수학적 전통 내에서 성장했던 보른 교수의 역할이 컸다.

* 선형대수학(線型代數學)은 벡터 공간, 벡터, 선형 변환, 행렬, 연립 선형 방정식 등을 연구하는 대수학의 한 분야이다. 현대의 선형대수학은 그 중에서도 벡터 공간이 주요 연구 대상이다.

이 두 논문에 대한 물리학계의 반응은 뜨거웠다.

아인슈타인은 친구인 에렌페스트•에게 쓴 편지에서
이렇게 이야기했다.
하이젠베르크가 커다란
양자 달걀을 낳았더군.

파울리는 수소 원자의 발머 계열식을
나의 연구결과를 적용해서 성공적으로 설명했다.

그러나 일부
물리학자들은 나의
이론을 새로운
수학적 계산방법일
뿐이라고
폄하하기도 했다.

1926년 봄, 베를린대학 물리토론회

베를린대학의 정기 토론회에서
나의 이론에 대해 발표하도록
초청받았다.

• **파울 에렌페스트(Paul Ehrenfest, 1880~1933)** 오스트리아 태생 이론물리학자. 통계물리학자 볼츠만의 영향을 받았으며, '에렌페스트 정리'로 양자역학에 기여한 바가 있다.

이 자리에는 고명한 학자들이 많이 참석했는데
아인슈타인도 있었다.

당신의 새로운 이론에
대해 좀더 상세히
알고 싶은데, 시간을
내줄 수 있겠소?

우리는 아인슈타인의 집으로 가서 이야기를
나누기로 했다.
영광입니다,
아인슈타인 교수님.

당신은 원자 안에 전자가 있다고 가정해요.
그럼에도 불구하고 전자의 궤도는 전적으로 무시하고 있어요. 왜 그렇게 생각하는지 설명해 주겠소?

원자 안의 전자 궤도는 직접 볼 수 없습니다.
다만 방전 과정에서 한 원자가 방사하는 복사로부터 원자 안에 있는 전자의 상태만을 알 뿐입니다.

저는 관찰이 가능한 양들로 물리 이론을 만들어야 한다고 생각합니다.

내 생각은 다릅니다. 물리학 이론에 관찰 가능한 양만 받아들일 수 있다는 생각은 위험한 발상입니다.

네? 저는 박사님이 저와 같은 생각에서 상대성이론을 만드셨다고 생각했습니다만….

그게 무슨 뜻이죠?

박사님은 절대시간은 관측할 수 없으므로 절대시간을 이야기해서는 안 된다고 하셨잖습니까?

음, 당신의 말을 듣고 보니, 나도 실증주의적인 철학을 가지고 있는 것 같군요.

하지만 나는 관찰할 수 있는 양만으로 과학 이론을 만드는 것이 아니라, 이론이 우리가 무엇을 관찰할 수 있는지 결정한다고 생각한다오.
제가 알고 있던 박사님의 주장과 반대되는 말씀을 하시네요. 어떤 판단을 해야 할지 어렵군요.

우리는 안개상자 안에서 전자의 궤도를 관찰할 수 있습니다.
그러나 당신의 이론대로라면 원자 안에서 전자의 궤도는 더 이상 존재하지 않아야 합니다.

단순히 전자가 움직이고 있는 공간을 축소하였다고 해서 궤도 개념이 폐지될 수 있을까요?

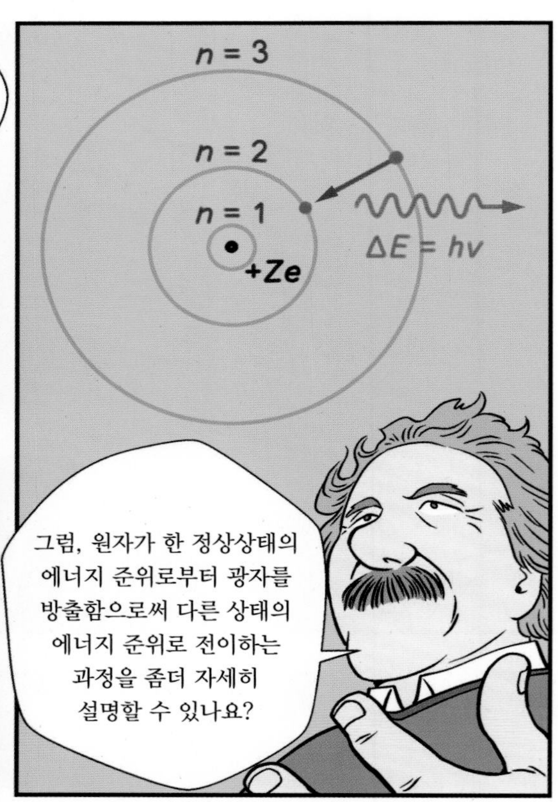
n = 3
n = 2
n = 1
+Ze
ΔE = hv
그럼, 원자가 한 정상상태의 에너지 준위로부터 광자를 방출함으로써 다른 상태의 에너지 준위로 전이하는 과정을 좀더 자세히 설명할 수 있나요?

아직까지 우리는 어떠한 언어로 원자 안의 사건을 설명할 수 있을지 알지 못합니다.

원자가 한 정상상태에서 다른 상태로 전이할 확률을 수학적으로 계산할 수 있지만,
아직 그 확률이 어떤 의미를 지니는지 정확하게 설명하기 어렵습니다.
보어 교수는 지금까지 알려진 일반적인 물리 개념으로는 이 과정을 제대로 설명할 수 없다고 했습니다.

비유하면, 그건 마치 영화에서 보는 상의 전환 과정과 비슷합니다. 하나의 상이 흐려지면서 다른 상이 서서히 나타나다가 차차 선명해지는 과정이라고 할까요?

당신은 지금 사람이 자연에 관해서 알고 있는 것을 이야기할 뿐, 자연이 실제로 어떻게 작용하고 있는지에 대해서는 이야기하지 않고 있군요.
우리가 자연과학을 하는 것은 자연이 실제로 어떻게 작용하는가를 이해하기 위해서예요. 이것이 가장 중요하지요.
교수님이 지적하신 대로 제가 알고 있는 것은 매우 적습니다. 원자론에는 앞으로 더 많은 연구와 발전이 필요합니다.

과학과 수학의 **협력**

흔히들 수학을 자연과학의 언어라고 한다. 특히 물리학에서는 자연현상을 기술하고 그 현상 속에 내재되어 있는 보편적인 법칙을 이끌어내는 데 수학이 매우 유용하게 사용되고 있다. 아마도 그것은 수학이 가지고 있는 뛰어난 논리와 간결함 때문일 것이다.

역사적으로 유명한 물리학자 가운데 수학을 이용해서 자신의 이론을 체계화했던 사례는 많다. 근대과학의 아버지라 불리는 갈릴레이(Galileo Galilei, 1564~1642)는 중력을 받아 떨어지는 물체가 그 질량에 관계없이 동일한 가속도로 등가속도 운동을 한다는 주장에 대한 근거로 실험과 실험 결과에 대한 수학적 분석을 내세웠다. 이 일로 이전까지 굳게 믿어 왔던 아리스토텔레스의 무거운 물체일수록 더 빨리 낙하한다는 주장은 역사 속의 유물로 사라지게 되었다. 갈릴레이는 다양한 분야에서 많은 업적을 남겼지만, 가장 주목받아야 할 업적은 자연현상에 대해 실험적 검증과 수학적 분석을 중시한 그의 연구 방법이다.

뉴턴(Isaac Newton, 1642~1727) 역시 미적분학을 이용하여 만유인력 법칙을 이끌어낸 것으로 유명하다. 그의 저서인 『자연철학의 수학적 원리』(Philosophiae Naturalis Principia Mathematica, 약칭 Principia)에서 그는 자신이 제안한 운동 법칙과 만유인력 법칙을 통해 케플러의 행성 운동 법칙을 증명했다. 이 과정에서 미적분법을 개발했다는 것은 잘 알려진 사실이다.

다니엘 베르누이(Daniel Bernoulli, 1700~

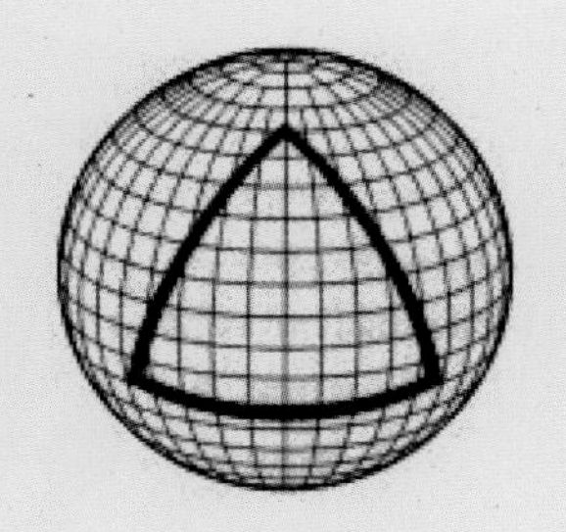
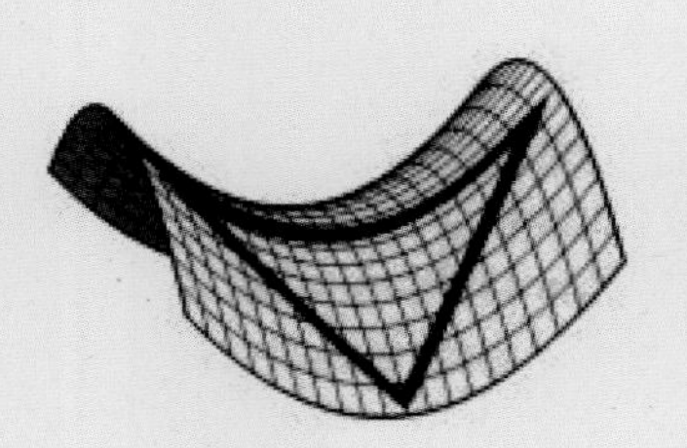
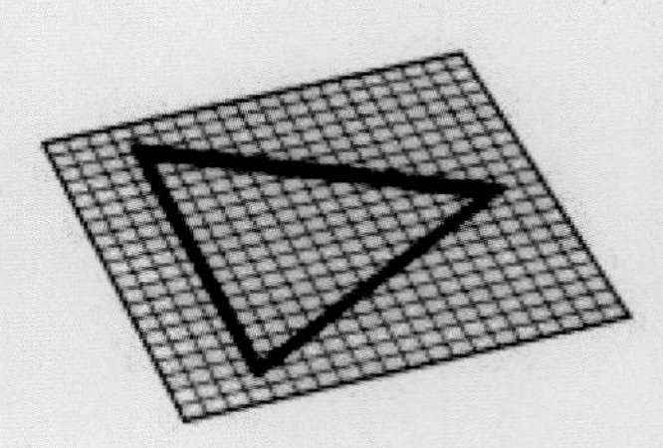

아인슈타인이 리만 기하학을 도입할 수밖에 없었던 이유를 그림에서 짐작해 보자. 우리가 잘 알고 있는 삼각형 내각의 합은 180°라는 정리는 유클리드 공간이라 불리는 평면 위에서만 성립된다. 왼쪽의 그림처럼 3차원 구면에서 세 지점을 이어 삼각형을 그리면 내각의 합은 180°보다 크고, 가운데 그림처럼 생긴 공간에 그린 삼각형 내각의 합은 180°보다 작다. 아인슈타인은 중력과 관성력을 구분할 수 없다는 등가원리를 알아내면서 뉴턴의 중력을 대신할 모델로 질량에 의한 시공간의 왜곡 현상을 제안했다. 리만 기하학은 제시된 그림에서처럼 평면기하가 아닌 곡률이 있는 표면에서의 기하학이기 때문에 아인슈타인이 제안한 일반상대론에서의 질량에 의한 시공간의 왜곡을 설명하기에 적합했다.

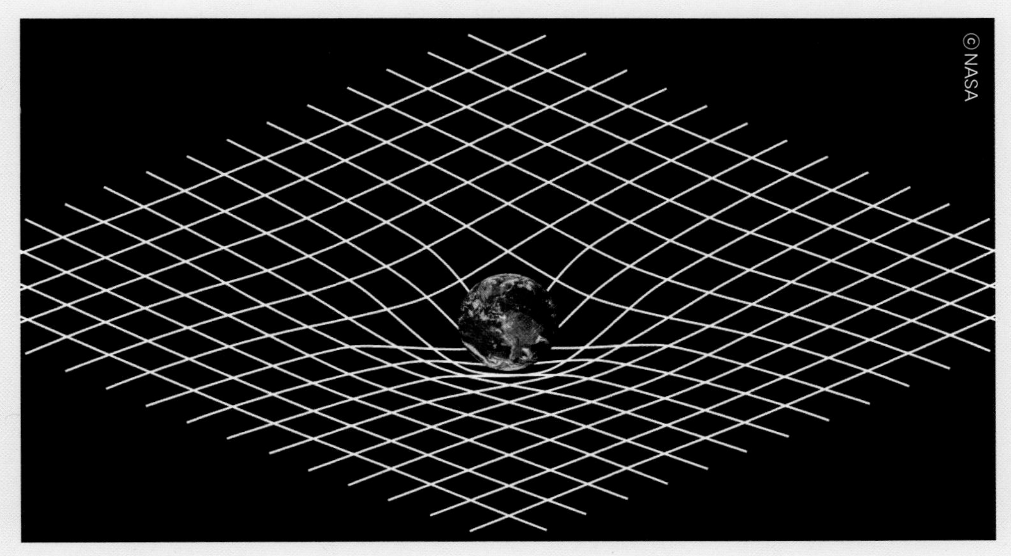
© NASA
일반상대성이론에서 시공간의 곡률

1782)는 스위스의 유명한 수학자 집안에서 태어나 미적분학에 능통하였기 때문에 유체에서의 에너지 보존 법칙에 해당하는 베르누이 방정식을 유도할 수 있었다. 베르누이는 유체를 작은 입자들의 집합으로 간주하고, 각 입자에 뉴턴의 운동 법칙을 적용한 후, 미적분을 사용하여 입자들 사이의 상호작용을 더함으로써 유체의 운동을 분석할 수 있었다.

20세기 최고의 과학자로 꼽히는 알베르트 아인슈타인도 리만 기하학을 이용해서 일반상대성이론을 착안해냈고, 그 전개 과정에서 겪었던 수학적 어려움을 친구였던 수학자 마르셀 그로스만(Marcel Grossmann, 1878~1936)의 도움을 받아 해결할 수 있었다.

갈릴레이 시대에는 수학이 실험적 검증 단계에 도입되어 이론의 완성도를 높이는 역할을 했다면, 뉴턴, 베르누이, 아인슈타인의 경우에는 인간의 경험을 넘어서는 영역에 대한 추론의 도구로 수학이 이용되었다. 이처럼 수학은 물리학의 영역을 넓히고 물리학자의 자유로운 사고를 가능하게 하는 도구로서 역할을 톡톡히 해냈다.

1920년대의 원자물리학자들도 경험할 수 없는 작은 세계에 대한 추론 과정에서 수학을 유용하게 활용하였다. 대표적인 예로 하이젠베르크가 행렬역학을 창안해내는 과정을 들 수 있을 것이다. 하이젠베르크는 보어가 그의 원자모형에서 제안했던 전자의 궤도를 부정하고 원자의 스펙트럼 관찰에서 얻어진 결과를 해석하기 위해 에너지 보존

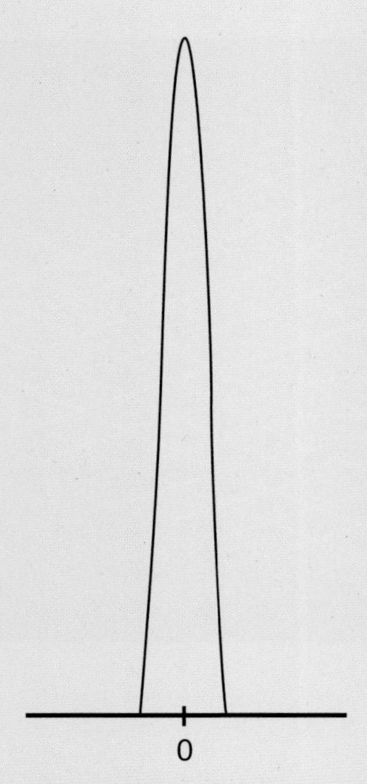
0
디랙 델타 함수를 그래프로 나타낸 것

법칙을 적용했다. 이 과정에서 막스 보른의 수학적 도움이 없었다면 행렬역학은 이 세상에 없었을 것이다. 있더라도 다른 형태로, 곧 한층 더 복잡한 수식으로 우리에게 전해졌을 것이다.

양전자의 존재를 예측했던 폴 디랙은 1903년 입자의 충돌 현상과 전자 같은 점입자의 물리량을 다루기 위해 직관적으로 함수 하나를 도입한다. 이른바 디랙 델타 함수라고 불리는 것으로, 원점에서 무한대이고 그 외의 점에서는 0이며, 적분값은 1이 되는 함수이다. 디랙 델타 함수를 접한 수학자들은 무한대의 값을 갖는 함수라는 점에서 무척 당황했다. 그러나 디랙을 비롯한 물리학자들이 이 함수를 써서 옳은 답을 구해내는 것을 보고 더 당황할 수밖에 없었다.

이와 같이 자연현상을 기술하는 데는 전혀 문제가 없는데도 불구하고 수학적으로 정의될 수 없는 함수가 존재한다는 사실은 수학자들을 무척이나 곤란하게 만들었다. 그러나 1940년 프랑스의 수학자 로랑 슈와르츠(Laurent Schwartz, 1915~2002)가 디랙 델타 함수를 설명하기 위해 기존의 함수 개념을 확장해서 초함수라는 개념을 도입함으로써 수학자들의 곤란함은 해소되었다.

현대 이론물리학에서는 수학의 중요성이 더욱 커지고 있다. 현대 이론물리학은 인간의 경험 영역 밖인 극소, 극대의 세계를 다루고 있기 때문에 수학적 모형을 세워 현상을 이해·예측하고, 후에 실험을 통해 검증하는 양상으로 발전하고 있다.

4

불확정성 원리

하이젠베르크의 현미경과 코펜하겐 해석

1926년 5월 코펜하겐
다시 돌아왔다.

보어 선생님이 마련해 준 이곳에서 이제 지내야겠군.

지난 학기까지는 보른 교수님 덕분에 괴팅겐에서 사강사 생활을 했는데 안부 편지라도 드려야지.

이곳은 아주 산뜻하게 꾸며져 있습니다. 게다가 보어 교수님은 제게 피아노를 빌려주었습니다. 가끔 승마도 함께 하면서 머리를 식히곤 합니다.

이 무렵 슈뢰딩거• 의 파동역학이 괴팅겐의 학자들에게 알려졌다.

원자는 현악기의 줄처럼 셀 수 있을 만큼 많은 진동 상태를 갖는 체계입니다.

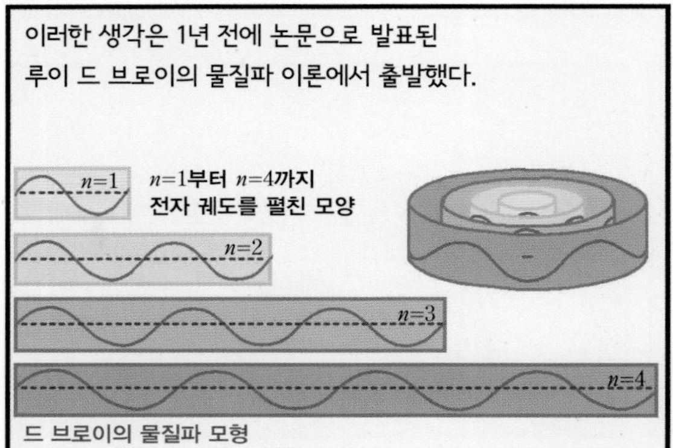
이러한 생각은 1년 전에 논문으로 발표된 루이 드 브로이의 물질파 이론에서 출발했다.
$n=1$
$n=1$부터 $n=4$까지 전자 궤도를 펼친 모양
$n=2$
$n=3$
$n=4$
드 브로이의 물질파 모형

빛처럼 전자나 양성자 같은 입자들도 입자의 성질뿐만 아니라 파동의 성질도 갖고 있지요. 그 파장은 질량과 속도를 곱한 값(운동량)에 반비례합니다.

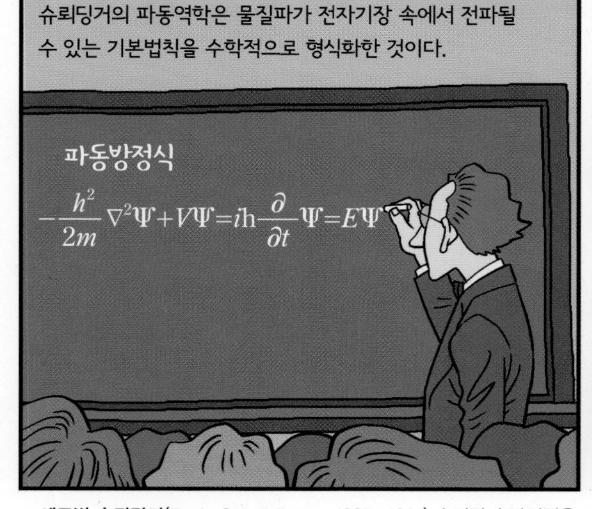
슈뢰딩거의 파동역학은 물질파가 전자기장 속에서 전파될 수 있는 기본법칙을 수학적으로 형식화한 것이다.
파동방정식
$-\frac{h^2}{2m}\nabla^2\Psi+V\Psi=i\text{h}\frac{\partial}{\partial t}\Psi=E\Psi$

파동역학은 이처럼 원자의 정상상태를 진동하는 현의 정상진동에 빗대어 수소 원자의 스펙트럼 선을 매우 잘 설명합니다.
$-\frac{h^2}{2m}\nabla^2\Psi+V\Psi=i\text{h}\frac{\partial}{\partial t}\Psi=E\Psi$

• **에르빈 슈뢰딩거(Erwin Schrödinger, 1887~1961)** 슈뢰딩거 방정식을 비롯한 양자역학에 대한 기여로 유명한 오스트리아 물리학자이다.

게다가 그때까지 굉장히 복잡했던
많은 계산을 아주 간단히 처리할 수 있었다.
내 행렬방정식보다 간단하네.

그치만…

슈뢰딩거의 파동방정식이 수학적으로는 아주 간단하지만 물리적 해석에서는 난점이 있어.
파동역학

물질파 이론을 따른다면 전자의 상태에서 양자도약• 은 있을 수 없는 일이 되는 거야.
파동은 연속적인 것이니까.
파동역학

슈뢰딩거의 주장은

원자가 한 정상상태에서 다른 정상상태로 전이할 때, 각 상태에 해당하는 두 물질파가 간섭을 해서 빛을 방출하거나 흡수하게 됩니다.

너무나 대담한 가정이어서 나로서는 도저히 받아들일 수가 없다.

• quantum jump. 양자비약으로도 번역된다. 2005년 한국물리학회가 잠정적으로 확정하여 발표한 물리학 용어 수정 의견에 의하면 '양자뜀'이라는 용어가 제안된 바 있다.

그러나 많은 물리학자들이 슈뢰딩거의 해석에서 해방감을 느끼는 것 같았다.

나의 이론이 슈뢰딩거의 해석에 비해 밀리는 느낌이야.

1926년 여름, 뮌헨대학
제 이론의 수학적 원리를 설명하겠습니다.

슈뢰딩거의 강연은 조머펠트 교수의 요청을 받아들인 것이었다.
이 자리에는 빌헬름 빈 교수도 참석했다.

수식 전개가 끝난 후 슈뢰딩거는 그것의 물리학적 의미에 대해서도 설명했다.

당신의 이론대로라면 플랑크의 복사 공식은 절대로 설명할 수 없을 것 같은데, 어떻게 생각하십니까?

이제 양자역학의 시대는 끝난 겁니다. 양자도약 같은 것은 더 이상 논의할 가치가 없어요. 슈뢰딩거가 곧 그 점을 해결할 것입니다.

조머펠트 교수마저도 내게서 등을 돌렸다.
슈뢰딩거의 수학은 너무도 완벽하다네.

실망한 나는 보어 선생에게 편지를 썼다.
슈뢰딩거는 양자역학적인 모든 것을 내던져 버리고 플랑크의 양자가설이 나오기 전인 26년 전으로 돌아가려고 하고 있습니다.

선생은 내 편지를 받아 보고 슈뢰딩거에게 초대장을 보냈다.
슈뢰딩거 박사, 코펜하겐의 내 집에서 양자역학과 파동역학에 관한 해석을 함께 토론해 봅시다.

1926년 9월 코펜하겐
보어 선생과 슈뢰딩거의 토론은 코펜하겐 역에서부터 시작되었다.

집에 도착해서도 그들의 토론은 계속 이어졌다.
보어 박사, 당신이 이야기하는 양자도약은 논리적으로 있을 수 없는 현상이에요.
그런 주장의 근거는 무엇인지요?

당신은 정상상태에 있는 전자는 전자기파를 복사하지 않고 주기적으로 회전하고 있다고 주장하고 있어요. 왜 가속 중인데도 전자기파를 복사하지 않는지 설명하지 못하잖소.

그리고 전자가 한 궤도에서 다른 궤도로 전이할 때 전자기파를 복사한다고 주장하는데, 이때 전자의 이동이 급작스럽게 일어나는지, 천천히 일어나는지 아무런 설명이 없지요.

또 전자의 전이가 급작스럽게 일어난다면 특정 진동수를 갖는 스펙트럼 선은 설명할 수 있지만, 그때 전자의 운동 상태는 어떻게 되는지 설명이 없습니다.
만약 전자의 전이가 천천히 일어난다면 전자의 에너지가 서서히 변하면서 진동수도 함께 변할 것입니다. 그렇다면 그때 스펙트럼 선의 예리한 진동수가 어떻게 만들어지는지,
해서 양자도약이란 있을 수 없는 현상이라고 보는 거지요.

네, 그건 다 옳은 말씀이에요. 하지만 그렇다고 해서 양자도약이 없다는 것을 증명하지는 않지요.
다만 양자도약이라는 현상을 표현할 수 없을 뿐입니다.
그래요. 우리가 문제 삼고 있는 현상은 우리가 직접 경험할 수 없기 때문에 우리가 가지고 있는 개념으로는 설명할 수가 없어요.
당신과 철학적 토론을 할 생각은 없습니다.
다만 원자 내에서 어떤 일이 일어나고 있는지 알고자 할 뿐이오.

사람들은 우리가 이야기하는 파동역학이나 양자역학이 전자의 운동 상태와 전이과정을 정확하게 설명할 것이라고 기대하지 않아요.
그러나 전자가 입자가 아닌 물질파라는 것을 받아들이는 순간, 전자의 전이과정에서 특정 주파수의 스펙트럼 선이 발생하는 것을 아주 간단히 설명하게 됩니다.

당신이 설명할 수 없었던 모순들이 아주 말끔하게 제거된다는 뜻이죠.

당신의 주장대로라면 플랑크의 복사 법칙과 아인슈타인의 광전효과는 어떻게 설명해야 하는 건가요?

그건 내 이론이 아직 설명하지 못하는 부분이에요. 당신의 이론도 완벽하지 않은 것은 마찬가지 아니겠소?

우리는 플랑크의 복사 법칙이 무엇을 의미하는지 알고 있으며, 안개상자 안에서 섬광이 보이다가 전자가 안개상자를 관통하는 것을 눈으로 직접 볼 수 있습니다.

빌어먹을 양자도약!

파동역학을 고안하신 점은 대단하다고 생각합니다.
파동역학이 가지고 있는 수학적 명료함은 양자역학의 형식에서 중대한 진보를 뜻하기 때문이지요.

토론은 합의에 이르지 못한 채 밤낮을 가리지 않고 계속되었다.

며칠 뒤 슈뢰딩거는 발병하고 말았다.

보어 선생은 슈뢰딩거의 병상 모서리에 앉아 양자역학에 관한 이야기를 또다시 이어갔다.
또한 이런 점에 대해서도 아셔야 합니다.

슈뢰딩거가 코펜하겐을 떠날 무렵, 보어 선생과 나는 원자 현상의 시공간적 표현을 포기한다는 것이 훌륭한 물리학자에게도 이해시키기 어려운 일이라는 것을 깨달았다.
우리의 이론이 좀더 설득력을 갖추려면 어떻게 해야 할까?
양자역학의 수학적 형식 뒤에 숨겨진 물리학에 대한 완전한 이해가 필요할 것 같은데요.

원자 현상을 완전하게 기술하기 위해서는 전자의 파동성과 입자성을 모두 인정해야 할 것 같네.
이미 전자의 입자성을 증명하는 현상들이 알려져 있는데 왜 파동성을 인정해야 하는지 이해할 수 없어요.

괴팅겐의 보른도
슈뢰딩거의 파동함수의
제곱이 전자가 다른 입자와
충돌해서 가질 수 있는
상태, 즉 확률을 나타낸다고
증명하지 않았나?
그러나 그건
해석의 여지가
아직 남아 있는
가설일 뿐이에요.

우리는 아직
안개상자 안에서 볼 수
있는 전자의 궤적에
대해서도 설명할 수
없습니다.

이와 같은 토론이 몇 달 동안 이어졌지만,
우리는 만족스러운 결과에 도달하지 못했다.
으음, 원자의
세계는 정말
미스터리야.

난 너무 지쳤네.
노르웨이로 스키나
타러 갔다 와야겠어.

1927년 2월
안개상자에 나타난 전자의 궤적을 수학적으로 어떻게 표현할 수 있을까?
내 생각은 다릅니다. 물리학 이론에 관찰 가능한 양만 받아들일 수 있다는 생각은 위험한 발상입니다.
음, 당신의 말을 듣고 보니, 나도 실증주의적인 철학을 가지고 있는 것 같군요.
박사님은 절대시간은 관측할 수 없으므로 절대시간을 이야기해서는 안 된다고 하셨잖습니까?
우리는 안개상자 안에서 전자의 궤도를 관찰할 수 있습니다.
그러나 당신의 이론대로라면 원자 안에서 전자의 궤도는 더 이상 존재하지 않아야 합니다.
'이론이 비로소 사람들이 무엇을 볼 수 있는가를 결정한다'는 아인슈타인의 말, 거기에 정답이 있구나.
사람들이 본 것은 전자의 궤적이 아니라 안개상자 안의 물방울이었을 뿐이야.

실제 전자의 위치는 부정확하고 불연속적일 수 있는데,
우리는 전자보다 훨씬 큰 물방울을 보고 그것이 전자의 궤적이라고 믿고 있는 거지.
그렇다면 실험적으로 이런 부정확성을 최소화하면서 전자의 위치와 속도를 결정할 수 있는 방법은 없을까?
!!
위치와 운동량 측정값의 오차 범위를 계산해 보자.
위치 값의 오차 범위를 Δ*x,
운동량 값의 오차 범위를 Δp라고 하면…
Δx Δp

• Δ는 '델타'라고 읽는다. 원래 그리스 문자의 네 번째 자모로, 수학과 물리에서 변화량을 나타내는 기호로 쓰인다. 86쪽의 수식에서처럼 d로 적기도 한다. 이때는 derivative, differential의 머리글자를 취한 것이다.

$\Delta x \cdot \Delta p \geq \frac{\hbar}{2}$
두 값의 곱은 항상 플랑크상수의 1/4π보다 크거나 같구나.*

이건 전자의 위치와 운동량을 동시에 정확하게 측정하는 것이 불가능하다는 의미인데?

이것이 훗날 불확정성 원리로 알려진 관계식이다.
다양한 상황의 실험을 생각해 보고 일반적으로 성립될 수 있는 관계식인지 점검해 봐야겠다.
$\Delta x \cdot \Delta p \geq \frac{\hbar}{2}$

이때 나의 머릿속에 떠오른 생각이 하나 있었다.
옛날 학교 친구가 이야기했던 감마선 현미경에 관한 것이었다.

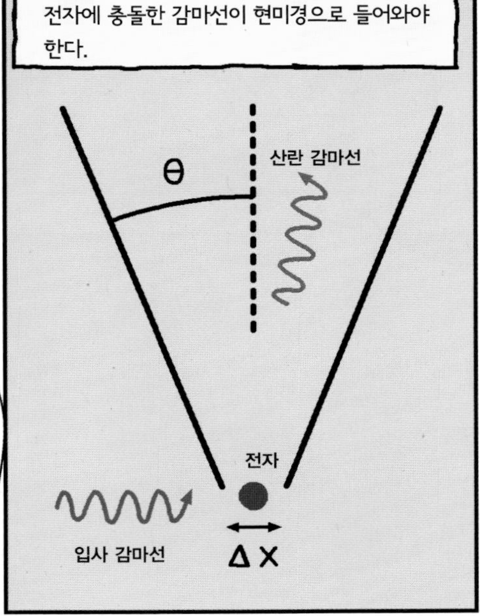
감마선 현미경으로 전자를 관측하기 위해서는 전자에 충돌한 감마선이 현미경으로 들어와야 한다.
θ
산란 감마선
전자
입사 감마선
Δ X

그래. 그때 그 친구가 전자를 직접 보려면 분해능이 높은 현미경이 필요하고, 그렇다면 가시광선보다 파장이 짧은 감마선을 이용하면 될 것 같다고 했지.

• $\hbar$은 디랙상수로, 플랑크상수(h)의 $\frac{1}{2\pi}$이다. 따라서 $\frac{\hbar}{2}$는 플랑크상수의 $\frac{1}{4\pi}$과 같다. 불확정성 원리의 관계식 $\Delta x \cdot \Delta p \geq \frac{\hbar}{2}$은 $\Delta x \cdot \Delta p \geq \frac{h}{4\pi}$와 같기 때문에 하이젠베르크가 첫 번째 대사처럼 말한 것이다.

파장이 짧은 감마선은 에너지가 크기 때문에 전자의 위치를 작은 오차로 측정할 수 있지만, 충돌 과정에서 전자의 운동량을 크게 변화시킨다.

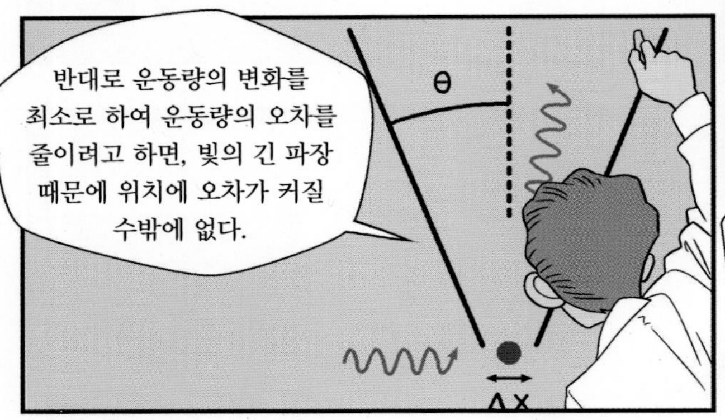
반대로 운동량의 변화를 최소로 하여 운동량의 오차를 줄이려고 하면, 빛의 긴 파장 때문에 위치에 오차가 커질 수밖에 없다.
θ
Δx

따라서 전자의 위치와 운동량을 동시에 정확하게 측정하는 것이 불가능하다.

나는 이 새로운 발견을 알리기 위해 파울리에게 14쪽에 달하는 편지를 썼다.
POST

파울리의 반응은 열광적이었다. 그것은 그가 보냈던 답장에서 확인할 수 있었다.
POST

마침내 자네가 큰일을 냈군. 새 시대의 서광, 양자론의 날이 도래하겠어.
우리는 세상을 운동량(p)의 눈으로 볼 수 있고, 위치(q)의 눈으로도 볼 수 있다. 그러나 두 눈을 동시에 뜨려고 하면 오류를 범하게 된다.
정말 멋진 아이디어야, 베르너. 하하하.

며칠 후 보어 선생이
스키 휴가를 마치고 돌아왔고,
또다시 힘든 토론이 벌어졌다.

자네가 이야기하는
불확정성 원리는 내가 생각해낸
상보성 원리의 특수한 경우에
불과한 것 같네.

상보성 원리가
무엇인가요?

그것은 하나의 사건을
두 가지의 다른 방식으로
관찰할 수 있다는 것이네.
그게 무얼
뜻하나요?

빛의 경우에도 어떤 실험을
하느냐에 따라 입자 또는 파동의
성질을 관찰할 수 있다는
의미일세.

절대 입자와 파동의
성질을 동시에 나타내지는
않으면서 말일세.

나로서는 선뜻 납득할 수 없었지만
스웨덴의 물리학자 오스카 클라인의
도움으로 보어 선생과 내가 같은
이야기를 한다는 것을 깨닫게 되었다.

그림과 같이 진동수와 진폭이 다른 많은 파동을 합치면 한 곳에 집중된 파동을 만들어낼 수 있습니다. 이러한 파동을 웨이브 패킷이라고 하지요.

입자는 이 웨이브 패킷 안의 어딘가에 있을 겁니다.

따라서 웨이브 패킷의 너비가 좁으면 입자의 위치에 대한 불확실성이 작아지고

반대로 웨이브 패킷의 너비가 커지면 위치에 대한 불확실성이 커집니다.

진폭이 좁은
웨이브 패킷을 만들기
위해서는 다양한
진동수의 더 많은 파동을
합해야 합니다.

그렇게 하면, 입자의 위치에
대한 불확실성은 작아지지만,
입자의 운동량(에너지)이
진동수에 비례하므로
운동량(에너지)의 불확실성은
커지게 됩니다.

결국 폭이 좁은
웨이브 패킷은 위치의 불확실성은
작지만 운동량(에너지)의 불확실성은
커서 파동적 성질보다는 입자적
성질이 두드러진다는 말씀이죠?
맞습니다!
그러니까
상보성 원리와
불확정성 원리는
표현 방법이
다를 뿐이지 같은
내용인 셈입니다.

클라인의 도움으로 보어 선생과 나는 다시 서로 잘 이해할 수 있게 되었다.

1927년 9월, 볼타* 사후 100주년을
기념하는 학회가 이탈리아 코모에서 있었다.
나는 보어 선생과 함께 학회에 참석했고,
파울리와 페르미도 만날 수 있었다.

우리는 이 학회에서 우리가 이룩한 양자론의 새 철학인 '상보성 원리와
불확정성 원리'를 처음으로 발표했다.

* **알레산드로 볼타(Alessandro Volta, 1745~1827)** 이탈리아 코모 태생으로 화학과 전기를 연구했다. 볼타 전지를 발명한 것으로 유명하고, 전압의 단위인 볼트는 그의 이름을 딴 것이다.

1927년 10월, 솔베이 회의

벨기에 브뤼셀에서 열렸던 다섯 번째 솔베이 회의에도
보어 선생과 함께 참석했다.

이 회의에서 우리는 상보성 원리와 불확정성 원리로
표현되는 코펜하겐 해석을 발표했다.

코펜하겐 해석은 이탈리아의 코모에서 발표되었던 터라
회의에 참석했던 물리학자들은 그 내용을 이미 많이
알고 있었다.

따라서 이 회의는 양자물리학에 대한 코펜하겐 해석의 성공을 확인하고 축하하는 회의가 될 것으로 예상했다.

그런데 발표가 끝나자 아인슈타인은 보어의 해석을 조목조목 날카롭게 반박했다.

아인슈타인의 예상치 못한 반격으로 회의는 축제에서 토론으로 바뀌었다.

회의에 참석했던 물리학자들은 모두 같은 호텔에 머물렀기 때문에 토론은 주로 회의장이 아닌 식사시간에 이루어졌다.

아인슈타인은 이 새로운 양자이론의 확률론적인 성질을 받아들일 수 없었다.
한 현상의 완전한 이해를 위해 필요한 요소들을 모두 완벽하게 측정할 수 없다는 점을 인정할 수 없어요.

사랑하는 하느님은 주사위를 던지지 않습니다.

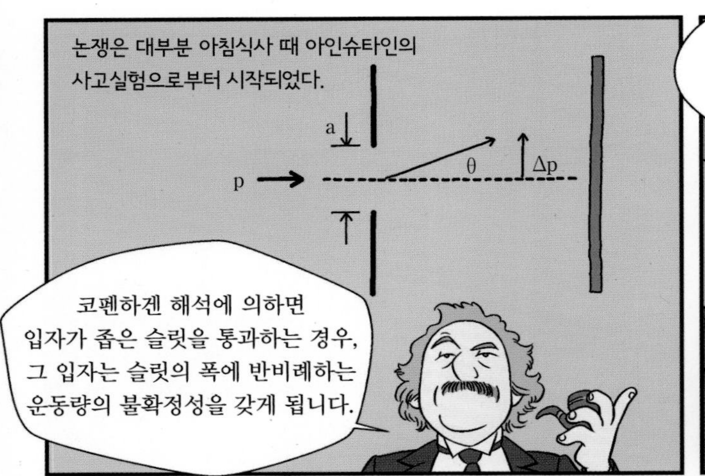
논쟁은 대부분 아침식사 때 아인슈타인의
사고실험으로부터 시작되었다.
a
p
θ
Δp
코펜하겐 해석에 의하면 입자가 좁은 슬릿을 통과하는 경우, 그 입자는 슬릿의 폭에 반비례하는 운동량의 불확정성을 갖게 됩니다.

이때 입자의 운동량을 측정하는 게 아니라, 입자가 충돌한 벽이 후퇴한 정도를 측정하여 운동량 보존법칙을 이용하면 입자의 정확한 운동량을 측정할 수 있지 않을까요?

그러면 대체로 그날 저녁 보어가 아인슈타인이 제안한 실험에서도 불확정성 관계는
피할 수 없음을 증명함으로써 끝났다.
입자가 충돌한 벽이 후퇴한 정도를 측정하려면 충돌이 시작된 시점과 끝나는 시점의 벽의 위치를 정확하게 알아야 하는데,

그때에도 벽의 운동량이 가지는 불확정성이 증가하여 입자의 운동량을 정확하게 측정할 수 없는 것이지요.

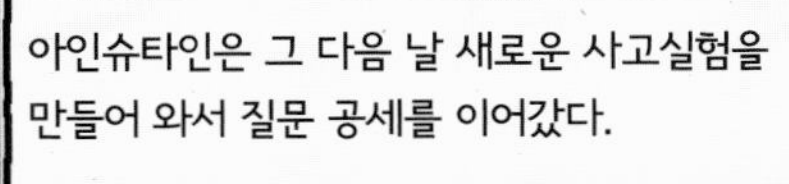
아인슈타인은 그 다음 날 새로운 사고실험을
만들어 와서 질문 공세를 이어갔다.

이 같은 일이 며칠간
계속되자 아인슈타인의
친구인 에렌페스트가
입을 열었다.
알베르트, 나는
자네에 대해 부끄러운
생각이 드네.

자네는 마치 자네의
상대성이론에 반대했던
사람들처럼 이 새로운 이론에
반대하고 있지 않은가?

그러나 난 이렇게 불확실한
양자이론을 도저히 납득할
수 없네.
코펜하겐 해석에 대한 아인슈타인의 태도는 평생 동안 바뀌지 않고
유지되었다.

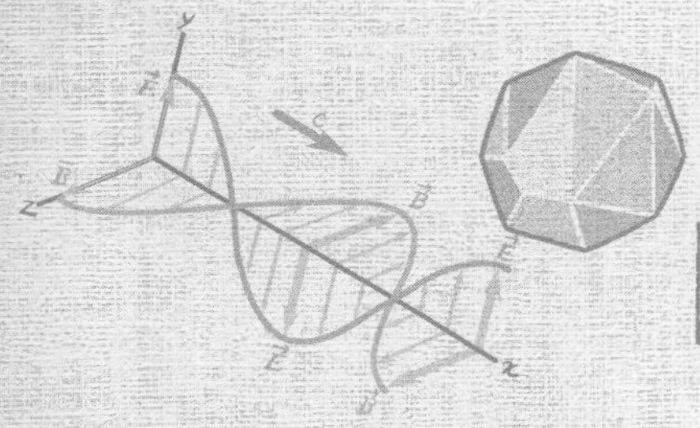

Quantum Mechanics

5

아인슈타인과의 대화

코펜하겐 해석에 대한 비판

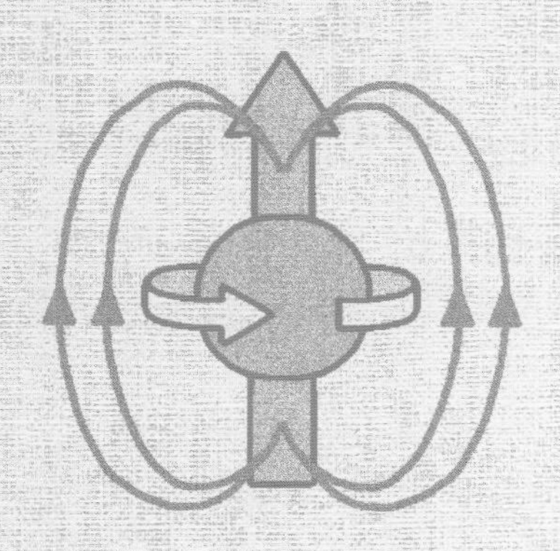

코펜하겐 해석에 동의할 수 없었던 아인슈타인과 슈뢰딩거는 오랫동안 양자물리학에 대한 의견을 주고받았다.

1935년, 두 사람은 코펜하겐 해석을 반박하는 사고실험을 각자 제안했다.

그중 하나가 아인슈타인이 중심이 되어 포돌스키*, 로젠*과 함께 만든 EPR 이론이었다. EPR은 세 사람의 성(姓)에서 머리글자를 딴 것이다.

논문의 제목은 "물리적 실재에 대한 양자물리학 기술은 완전하다고 할 수 있는가"입니다.
코펜하겐 해석의 불완전성을 부각하기에 완벽하군그래.

코펜하겐 해석의 내용은 두 가지로 압축된다. 첫째는 보어가 1927년 코모 학회에서 주장한 상보성 원리이다.

둘째는 원자를 구성하는 입자들과 관계된 물리량은 측정 과정에서의 상호작용에 의해 결정된다는 해석이다.

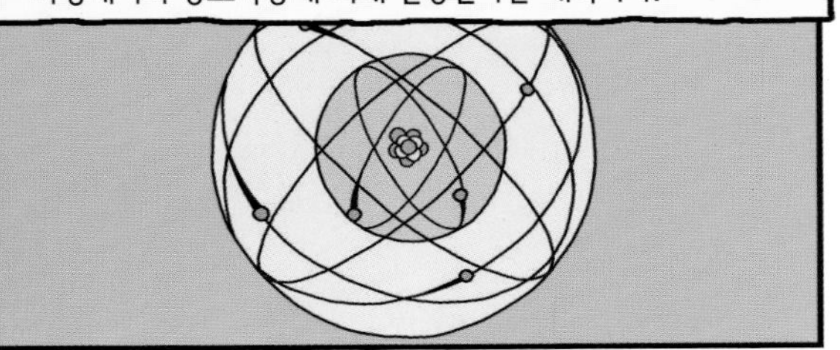

- **보리스 포돌스키**(Boris Podolsky, 1896~1966) 러시아에서 태어나 1913년 미국으로 이주한 물리학자. 2차대전 동안 진행된 미국 맨해튼 프로젝트의 기밀 중 일부를 소련에 빼돌린 간첩 혐의가 밝혀진 과학자 중 하나이기도 하다.
- **네이선 로젠**(Nathan Rosen, 1909~1995) MIT에서 전기전자공학을 공부하고 물리학 박사학위를 받고, 1935년 아인슈타인의 조수가 되었다. 아인슈타인과 함께 블랙홀을 연구하여 '아인슈타인-로젠 브리지'라는 것이 수학적으로 가능함을 발견했는데, 이것이 나중에 웜홀로 불리게 된다.

아인슈타인과 슈뢰딩거는 두 번째 해석을 도무지 납득할 수 없었다.

물리량은 측정과 관계없이 객관적인 값으로 존재한다는 물리학의 대전제를 완벽히 부정하고 있다.

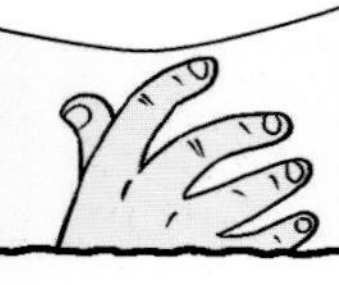

물리량이 측정 과정에 의해 결정된다는 의미가 무엇인지 자세히 설명해 주십시오.

슈뢰딩거 박사, 당신이 제안한 파동방정식에 의하면 초기 조건이 동일해도 다양한 해가 존재합니다. 맞습니까?

네, 맞습니다. 그래서 한 입자의 상태는 그 입자가 가질 수 있는 다양한 상태의 중첩으로 나타냅니다.

그렇다면, 예를 들어 어떤 입자의 상태를 구하기 위해 당신의 파동방정식을 풀었더니, 그 해가 ε_1의 에너지를 가지는 ψ_1*상태와 ε_2의 에너지를 가지는 ψ_2*의 상태로 나왔습니다. 이 입자의 상태는 어떻게 표현하나요?
입자의 상태는 가능한 상태들의 중첩으로 표현되므로 $\psi=a\psi_1+b\psi_2$가 되겠지요.

맞습니다. 여기서 a와 b는 그 제곱값이 각각 입자가 ε_1과 ε_2의 에너지를 가질 확률과 연관됩니다.
$\psi=a\psi_1+b\psi_2$
ε_1
ε_2

다시 말해서 ψ_1과 ψ_2는 입자가 ε_1과 ε_2의 에너지를 가질 확률을 나타내는 확률밀도함수라고 할 수 있습니다.

저는 그렇게 생각하지 않습니다. ψ_1과 ψ_2는 단순히 입자의 상태를 나타내는 파동함수일 뿐입니다.

저는 입자가 어떤 상태에 있을 확률이 얼마인지만 알 수 있다는 그런 해석법을 이해할 수 없어요.
아, 측정이 물리량에 어떤 영향을 주는지 좀더 설명을 들어봅시다.

아, 제 생각은 조금 다릅니다.
아직 검증을 해야 하지만 이것은 보른에 의해 이미 입증된 내용입니다.
$\psi=a\psi_1+b\psi_2$
ε_1
ε_2

• ψ는 대개 프사이(psi)라고 읽는다. 양자역학에서는 슈뢰딩거의 파동방정식을 푼 해를 표시할 때 이 기호를 쓴다.

우리가 입자의 상태를 측정할 때,
입자는 두 상태가 중첩된 상태가
아니라 하나의 상태로 결정됩니다.

두 상태가 중첩된 상태였는데
측정과 동시에 한 상태로
결정된다는 것이 무슨
의미인가요?

명확하게
설명해 주십시오.

예를 들어
설명하겠습니다.
전자나 양전자 같은
입자들은 스핀이라는
물리량을 갖습니다.

잘 알고 계시다시피 스핀은 특정한 축을 중심으로
오른쪽으로 돌거나 왼쪽으로 도는 2가지밖에 없습니다.
오른쪽으로 돌면 스핀 업 상태, 왼쪽으로 돌면
스핀 다운 상태이지요.
전자
e−
e−
스핀 업
스핀 다운

측정하기 전까지 전자는 스핀 업 상태와 스핀 다운 상태가 중첩되어 있습니다.

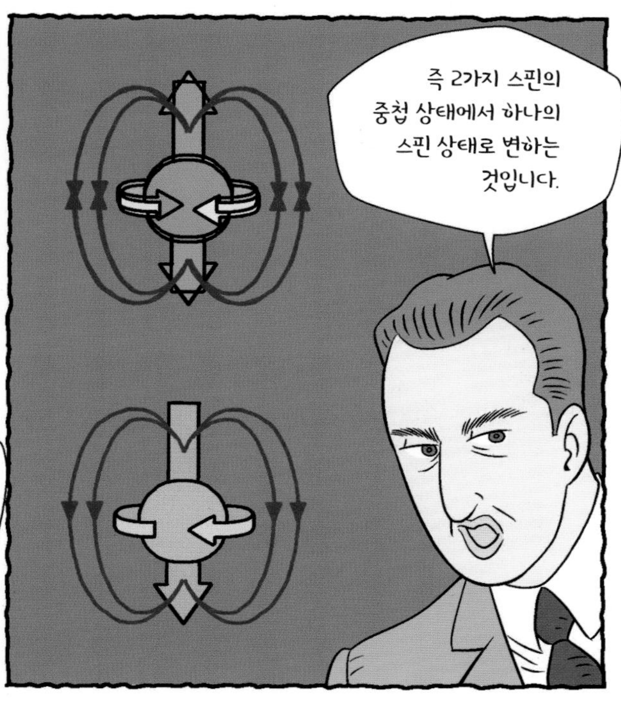
즉 2가지 스핀의 중첩 상태에서 하나의 스핀 상태로 변하는 것입니다.

그러나 측정을 하면 두 가지 스핀 중 하나로 확정됩니다.

그 경우에도 측정하기 전까지 전자와 양전자의 상태는 스핀 업과 스핀 다운 상태가 중첩된 것이죠.

e−
전자
π
파이온
e+
양전자
좋소.
그렇다면 전체 스핀이 0인 파이온이 붕괴되면서 전자와 양전자를 생성하는 경우는 어떻게 설명될까요?

그러나 두 입자 중 하나의 스핀을 측정한다면 다른 입자의 스핀은 반대 방향으로 결정되어야겠지요.
e⁻
π
e⁺
e⁻ 이 스핀업이라면 e⁺ 는 스핀다운 상태
e⁻ 이 스핀다운이라면 e⁺ 는 스핀업

아, 그것은 붕괴 전 파이온의 스핀값이 0이었기 때문인가요?
네, 그렇습니다.
e⁻ 이 스핀업이라면 e⁺ 는 스핀다운 상태
e⁻ 이 스핀다운이라면 e⁺ 는 스핀업 상태

당신의 설명대로라면 한 입자에 대한 측정이 다른 입자의 상태에 영향을 줄 수 있다는 겁니까?

그렇습니다. 그렇게 한 입자가 어떤 상태를 갖느냐에 따라 다른 입자가 갖는 물리량이 결정되는 두 입자를 얽힘 상태(entanglement)에 있다고 합니다.

아인슈타인은 원자에 대한 코펜하겐 학파의
새로운 해석을 도무지 이해할 수 없었다.

아인슈타인이 EPR 논문을 발표하게 된 데는
이러한 배경이 있었던 터였다.

얽힘 상태에 있는 두 입자의 상태를 기술하기에 코펜하겐 해석은 불완전하다고 생각하네.
저도 같은 생각입니다.

물리적 성질은 국소성(principle of locality)을 가지고 있기 때문에 시공간의 어떤 점에 국한되어야 하네.

물리적 성질의 국소성은, 서로 멀리 떨어져 있는 두 계는 서로 동시에 영향을 주고받을 수 없다는 의미지요?
그렇다네.

서로 영향을 주고받기 위해서는 어떤 형태로든 정보가 오가야 하는데 정보의 전달 속도는 빛보다 빠를 수 없단 말이지.

따라서 한 번의 측정으로 동시에 두 물리량의 값을 알아낼 수 없는걸세.

코펜하겐 해석처럼 멀리 떨어져 있는 두 입자가 정말 서로 영향을 주고받을 수 있다면, 거기에는 그것을 가능하게 하는 변수가 숨어 있는 게지. 단지 그 변수를 아직은 우리가 알지 못할 뿐이야.

그러니 이 숨은 변수를 포함하지 않은 코펜하겐 해석은 불완전한 이론이 될 수밖에 없지.

그러나 EPR 이론은 1964년, 영국 물리학자 존 스튜어트 벨이 '벨의 부등식'* 을 발표함으로써 역설로 전락하고 말았다.

1970년대에는 벨을 비롯한 과학자들이 실험적으로 양자 얽힘 상태를 확인함으로써 코펜하겐 해석이 새로운 양자역학의 표준으로 자리잡게 되었다.

하지만 아인슈타인과 보어는 벨의 부등식이 발표되기 전인 1955년과 1962년에 각각 세상을 떠났다.

New York World-Telegram

DR. EINSTEIN IS DEAD AT 76

* 벨의 부등식(Bell's inequality)은 애초에 EPR 논문에서 주장하는 숨은 변수를 찾기 위한 수식으로 제안되었으나, 역설적으로 부등식이 성립하지 않음을 증명함으로써 양자역학의 확률론을 지지하는 결과를 낳았다. 이중의 역설인 셈이다. 하지만 벨의 부등식은 지금도 연구되고 있어 숨은 변수 문제는 완전히 결판이 난 상태가 아니다.

슈뢰딩거 역시 같은 해인 1935년, 독일의 「자연과학」이라는 잡지에 코펜하겐 해석에 대한 비판의 글을 실었다.

이 글은 뒷날 '슈뢰딩거의 고양이'라는 별명으로 유명해진 사고실험을 담고 있다.

고양이 한 마리가 철로 된 상자 속에 갇혀 있다. 상자 안에는 방사선을 검출하는 가이거 계수관, 미량의 방사성 원소, 독극물인 시안화수소산이 든 병, 망치가 설치되어 있다. 방사성 원소의 양은 매우 적어서 1시간 동안 1개의 원자가 붕괴할 확률과 1개의 원자도 붕괴하지 않을 확률이 각각 50%이다.

만약 방사성 원소가 붕괴하면 가이거 계수관이 방사선을 감지하여 스위치를 작동시킨다.

스위치의 작동과 동시에 망치가 떨어지면서 병을 깨뜨려 치명적인 독극물이 흘러나와 고양이는 목숨을 잃는다.

이 상자를 한 시간 동안 방치해 둔 후에 고양이의 상태에 대해서 어떤 이야기를 할 수 있을까요?

코펜하겐 해석에 의하면 상자 속 고양이의 상태는 살아 있는 상태와 죽어 있는 상태가 중첩되어 있어야만 해요.

그런데 상자를 열어 고양이의 상태를 확인하는 순간, 비로소 고양이는 살아 있거나 죽은 상태 중 하나로 확정되지요. 정말 기묘하지 않나요?

아인슈타인은 코펜하겐 해석의 모순을 부각시킨 이 사고실험에 매우 만족했다.

막스 폰 라우에•를 제외한다면 당신은 물리적 실재에 대해 엉성한 가설 주위를 맴돌지 않는 유일하게 정직한 사람일 거요.

• **막스 폰 라우에(Max von Laue, 1879~1960)** 독일 이론물리학자. 1912년 결정체에 의한 X선 회절을 이론적으로 다루어 X선의 이용 및 결정체 연구에 새로운 장을 개척하여, 1914년 노벨물리학상을 받았다.

과학자들의 대부분은
자신들이 실재를 가지고
얼마나 위험한 장난을 하고
있는지 모르고 있지요.

실재는 실험에 의해
결정되는 것이
아니에요!

당신이 제안한
사고실험 덕택에 고양이의
상태가 파동함수의 중첩으로
표현된다는 코펜하겐
해석은 사람들로부터
완전히 거부되었어요.
고양이의 상태가 관측과
관계가 없다는 것은
누구나 알고 있는 확실한
사실이니까요.

슈뢰딩거는 파동방정식을 만들어서 양자역학의 발전에 큰 공헌을
했지만, 코펜하겐 해석에 끝까지 반대하면서 현대물리학의
주류에서 밀려났다.

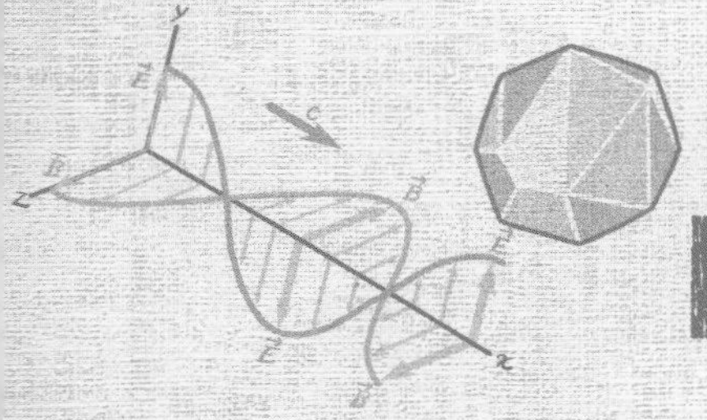

Quantum Mechanics

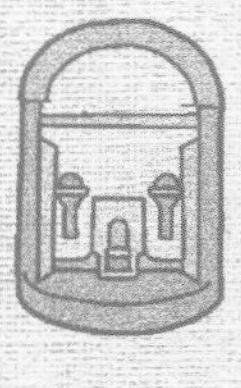

6 노벨상 그리고 결혼

어둠 속에서 빛을 보다

1927년 10월 라이프치히대학
코모 학회와 솔베이 회의는 물리학의 발전뿐만 아니라
나에게도 큰 성과를 안겨 주었다.

그해 10월 1일 나는 라이프치히대학의 이론물리학
정교수가 되었다.

나의 첫 출근일은 마침 일요일이어서 정문이 잠겨 있어
샛문을 통해 들어갔다.

어머, 당신이 새로 오신다는 교수님이군요?
아, 네. 안녕하세요?

독일에서 가장 젊은 교수님이라지요?
아하, 어쩌다 보니 그렇게 되었군요.

그렇게 나는 스물여섯 살에 라이프치히대학의
정교수가 되었다.

첫 원자론 세미나에는 단 한 명의 학생만이 수강했다.
지금은 비록 수강생이 한 명이지만 앞으로는 학생들이 원자물리학을 배우기 위해 구름처럼 모여들겠지.

나는 취리히대학에 있는 파울리에게 편지를 썼다.

지금까지는 코펜하겐, 괴팅겐, 뮌헨이 원자물리학의 중심지였지만, 이제부터는 라이프치히와 취리히가 거기에 추가될 것 같네.

1929년 2월, 나는 양자역학을 소개하기 위해 1년 동안 미국에 다녀오기로 했다.

새로운 양자론에 대한 미국 사람들의 관심은 대단했다.

혹한에 미국행 배에 올랐다.

강연을 위해 여러 대학을 방문했고 많은 사람들을 만났다.

시카고대학의 젊은 실험물리학자 버튼과 친하게 지냈던 것이 가장 기억에 남는다.

버튼, 졌네.
테니스를 아주
잘 치는군.
과찬이세요. 오늘은
운이 좋았나 봐요.

버튼, 난 정말
궁금하네.

무슨 말씀인지…?

유럽에서는 양자역학의 비직관적이고,
통계적인 접근 방법에 대해 반감이 굉장하지.
그런데 미국 물리학자들은 그걸
아무 거리낌 없이 받아들이는 게
난 참 이상해.

…
뉴턴의 물리학이
이전까지 관찰된
사실에 대해 충분히
기술할 수 있었지만,

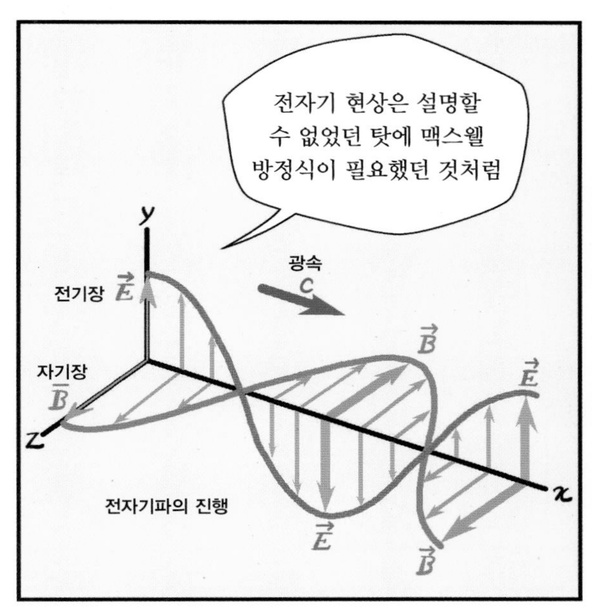
전자기 현상은 설명할 수 없었던 탓에 맥스웰 방정식이 필요했던 것처럼
y
광속
c
전기장 $\vec{E}$
$\vec{B}$
자기장 $\vec{B}$
$\vec{E}$
z
x
전자기파의 진행
$\vec{E}$
$\vec{B}$

원자 현상에 대해서는 고전역학이나 전자기학으로는 설명이 불가능해서 양자역학을 만들어낼 필요를 느꼈던 것이죠.
보어의 원자모형

그러니까 새로운 현상을 설명하기 위해서 이전까지의 공식에 보조항을 추가한 셈이 아닐까요?
그럼 전자를 어떤 때는 입자로, 어떤 때는 파동으로 나타내는 것이 놀랍지 않단 말인가?

아니요, 충분히 놀랍습니다.

실제로 어떤 때는 파동으로, 다른 때는 입자로 보이는 현상을 직접 관측하니까요.

너무 단순하게 생각하는 것 아닌가?

중요한 것은 전자만이 아니라 모든 물질이 입자성과 파동성을 모두 가지고 있기 때문에 자연법칙에는 확률론적인 성질이 있다는 것이네.
전자의 회절 무늬

여하튼 양자역학은 뉴턴과 맥스웰 방정식을 수정하여 자연현상을 잘 설명하고 있는걸요.

양자역학은 뉴턴역학을 수정, 보완하여 나온 이론이 아니라네.

아, 그런가요? 그에 대해서는 생각해 본 적이 없어요.

뉴턴역학은 그 자체로 완벽하지. 다만 뉴턴역학의 개념으로는 도저히 설명할 수 없는 경험 영역이 존재하는 것이고.

새로운 경험 영역을 설명하기 위해서는 새로운 개념 구조가 필요하지.

잘 이해가 안 되는데요….

원자 세계에 정통하지 않으면 원자 세계를 이해할 수 없는 거라네.

미국 여행은 양자역학에 대한 새로운 인식을 접할 수 있었던 기회였다.
미국에서 일본을 거쳐 귀국했을 때, 산더미처럼 밀려 있는 일에 나는 까무러치고 말았다.

학부 교수회의에 참석하고,

이론물리학을 위한 작은 연구실을
현대화하고,

젊은 물리학자들에게 양자이론을
강의했다.

그러다 보니 코펜하겐 그룹과는 방학기간에만
만날 수 있었다.

1932년, 나의 라이프치히 생활은 매년 빠른 속도로 확대되어 갔다.

여러 나라에서 재능있는 젊은이들이 양자역학의 발전에 참여하기 위해 라이프치히로 몰려들었다.

스위스 사람인 펠릭스 블로흐는 금속의 전기적 특성을 연구했고,

러시아에서 온 레프 란다우, 독일에서 온 루돌프 파이얼스는 주로 양자전기역학의 수학적 문제를 다루었으며,

전자껍질에 전자가 채워지는 규칙을 발표했던 훈트는 화학 결합 이론을 발전시키는 데 집중했다.

이들의 노력으로 원자물리학의 황금시대가 열렸다.

그러나 원자물리학의 황금시대는 급속도로
종말을 향하여 달리고 있었다.
히틀러가 정권을 잡으면서 독일에서는 정치적
불안이 증가하고 있었다.

처음에는 나도 상황을 잘못 판단하여 보어 선생에게
히틀러의 긍정적인 측면을 주장했다.

하지만 곧 그 판단을
번복하는 편지를 써야 했다.

저도 지금 이 나라에서
일어나는 일에 대해 양심의
가책을 느낍니다.

선생님도 아시다시피,
블로흐도 라이프치히로
돌아오지 않고 있습니다.

프랑크와 보른은 붙잡아
두려 노력했지만, 앞으로의
일은 아주 불투명합니다.

불공정한 히틀러 정권 하에서 유대인 물리학자들은 망명할 수밖에 없었다.

나는 동료들이 외국에서 자리를 얻을 수 있도록 주선하였다.

이때 정년을 보장받은 교수가 돌연 해임되는 사태가 발생했다.

교수해
집단 사표를 내서라도 동료 교수의 복권을 요청합시다!

……

의논 상대가 있었으면….

막스 플랑크 박사님을 뵈어야겠어.

어서 오게.
못 뵌 사이에 많이 늙으셨구나.

자네는 나에게 정치적인 문제에 대한 충고를 기대하고 찾아왔을 테지만, 나는 아무런 충고도 할 수 없을 것 같네.

라이프치히의 젊은 교수들이 현 정권에 대해 더 이상 참을 수 없다는 뜻으로 집단 사표를 제출하기로 했습니다.

그렇게 해도 아마 아무런 성과가 없을 거야.

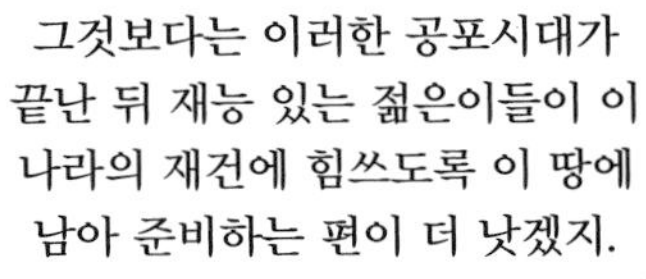
그것보다는 이러한 공포시대가 끝난 뒤 재능 있는 젊은이들이 이 나라의 재건에 힘쓰도록 이 땅에 남아 준비하는 편이 더 낫겠지.

말씀 잘 들었습니다. 안녕히 계세요.

라이프치히로 돌아오는 기차 안에서 플랑크 선생과 나눈 대화가 머릿속에서 끊임없이 맴돌았다.

젊은 과학자들을 위해,
이 나라의 미래를 위해
이 땅에 남아 있어야 해.

하지만 이 결정으로 난
앞으로 많은 타협을
해야 할지도 모른다.

아인슈타인, 보른, 슈뢰딩거 같은
현대 이론물리학의 창시자들은

유대인이기 때문에 이 나라를 떠났다.

레나르트*와 슈타르크* 같은 이들은 히틀러와 오랫동안
맺어 온 인연 덕분에 갖가지 보상을 얻었다.

- **필리프 레나르트(Philipp Eduard Anton von Lenard, 1862~1947)** 헝가리 출신 독일 물리학자. 음극선에 대한 연구 공로로 1905년 노벨 물리학상을 수상했다.
- **요하네스 슈타르크(Johannes Stark, 1874~1957)** 독일 물리학자. 1913년 외부 전기장에 의해 원자나 분자의 방출 스펙트럼 선이 움직이거나 여러 개로 갈라지는 '슈타르크 효과'를 발견하여, 1919년 노벨물리학상을 받았다.

1933년 9월, 독일 물리학회장을 맡고 있던 막스 폰 라우에는 뷔르츠부르크에서 열린 학회에서 히틀러 정권의 잘못을 용감하게 지적했다.

아인슈타인의 상대성이론은 지금은 배척당하고 있지만, 언젠가는 승리할 것입니다. 마치 300년 전 종교재판의 희생양이었던 갈릴레이의 지동설처럼 말입니다!

나는 이 학회에 참석하지 않았다.

이날 라우에는 독일 물리학회가 인정하는 최고의 영예 막스플랑크 황금메달을 수상했다.

1933년 11월

전보
1932년 노벨 물리학상 수상자 베르너 하이젠베르크

나는 기쁨을 누르지 못하고 즉시 뮌헨의 어머니에게 전화를 걸었다.
어머니, 기뻐하세요! 제가 노벨상을 받아요.

사실 내가 받은 노벨상은 1932년의 상이었다.
1933년 노벨물리학상은 슈뢰딩거와 디랙•에게
공동으로 주어졌다.

나는 양자역학을 세운 공로로 수상하게 되었다.
나의 수상 소감은 이러했다.

노벨상은 받았지만 저는 슈뢰딩거, 디랙, 보른, 이 세 분에게 미안함을 느낍니다.

슈뢰딩거 박사와 디랙 박사도 단독 수상자가 될 만한 업적을 세웠기 때문입니다.

그리고 함께 연구한 보른 교수와 이 상을 나누고 싶습니다.

나는 노벨상이 하나의 짐이라는 것을 직감했다.

이제 나의 행동이 히틀러 정권뿐만 아니라 다른 동료들의 관찰과 판단의 대상이 되겠지….

• **폴 디랙(Paul M. Dirac, 1902~1984)** 영국 이론물리학자. 파동역학을 발전시키고, 양전자의 존재를 이론으로 제시하고 실험적으로도 발견한 공로로 노벨물리학상을 받았다.

노벨상을 받은 이후 슈타르크의 공격은 극심해졌다.
베를린대학에서 그가 했던 강연의 내용은 참으로 참담했다.
아인슈타인을 갈릴레이에 비유한 라우에, 과학의 형식주의자 하이젠베르크 모두 새 제국에는 어울리지 않는 과학자입니다.

이 어지러운 시대를 견뎌내야 새로운 독일을 재건할 수 있다….

낮에는 연구에 몰두하고, 밤에는 피아노 연주를 하면서 힘든 시절을 극복할 수 있었다.

한편, 이 시기에는
사이클로트론 같은 입자가속기를 이용한
원자핵 내부 연구가 한창이었다.

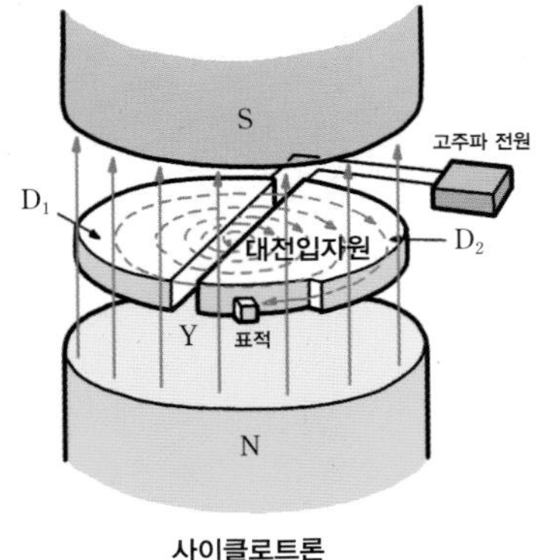
S
고주파 전원
D_1
D_2
대전입자원
Y
표적
N

사이클로트론

D자 형의 두 금속 상자 D_1, D_2를 마주 보게 놓고, 한가운데에서 기체를 이온화시켜 전하를 띠게 한 다음, D_1과 D_2 사이에 전압을 건다. 그러면, 사이클로트론 내부에 흐르는 강한 자기장 때문에 하전 입자는 D_1 속으로 들어가서 원운동을 하게 된다. 입자가 D_1을 나올 때, 전압의 방향을 바꾸면 입자는 D_2로 들어가서 더 큰 원을 그리며 더 큰 에너지를 얻는 과정을 반복하게 된다. 이렇게 큰 에너지를 갖는 입자를 표적에 위치한 원자에 충돌시킨 후 그 결과를 이용해서 원자핵의 내부를 추론하는 것이 사이클로트론의 원리이다.

원자핵은 구형의 단지 모양이고, 중성자와 양성자는 그 속에서 서로 방해하지 않고 자유롭게 돌아다닙니다.

나는 이와 같은 견해차를 해소하기 위해 1935년 가을 수주일 동안 코펜하겐 보어 선생의 집에 머물렀다.

원자핵은 모래주머니와 같고, 중성자와 양성자는 상호작용을 하고 있습니다.

때마침 러더퍼드•도 휴가를 받아 와 있었다.

가속기로 더 큰 에너지를 가진 양성자를 만들어 무거운 원자핵에 충돌시키면 어떻게 될 것 같나요?

빠른 속도의 양성자는 원자핵에 남아 있고, 그것이 가지고 있던 운동에너지는 핵의 구성요소에 균일하게 분배될 것 같은데요.
왜 그렇게 생각하지요?

• **어니스트 러더퍼드(Ernest Rutherford, 1871~1937)** 뉴질랜드에서 태어난 영국 핵물리학자로, 핵물리학의 아버지로 불린다. 알파입자 산란 실험으로 원자의 내부 구조에 새로운 가설을 제시했다. 1908년 노벨화학상을 수상했다.

핵의 구성요소들끼리 강한 상호작용을 하기 때문입니다.
충돌 이후 원자핵은 뜨거워지고, 일부분이 증발하면서 어떤 입자가 원자핵으로부터 튀어나올지도 모르지요.

베르너, 자네 생각은 어떤가?

제 예상도 비슷해요. 라이프치히로 돌아가면 한번 계산해 보겠습니다.

가속장치를 더 크게 해서 핵의 결합에너지를 이용할 수 있는 방법은 없을까요?

어떻게 이용한다는 말인가요?
마치 화학결합 에너지를 이용해서 새로운 화학원소를 인공적으로 만들어내는 것처럼요.

그건 좀 어려울 것 같은데….

그렇소. 매우 어려운 일이오.
많은 양성자를 가속시켜도 원자핵에 명중될 확률은 매우 작으니까.

그러니까 양성자를 가속시키기 위해 들어간 에너지의 양에 비해 충돌의 결과로 얻을 수 있는 에너지의 양은 너무 작겠군요.
그렇겠네요.
우리 중 어느 한 사람도 불과 몇 년 뒤에 오토 한*에 의해 우라늄 핵분열이 실현될 줄은 꿈에도 생각하지 못했다.

오토 한은 천연 우라늄에 0.8% 가량 섞여 있는 우라늄235가 중성자와 충돌하여 질량이 비슷한 바륨과 크립톤으로 분열하며 그 분열 조각에서 방사선이 나오는 것을 실험으로 밝혔다.

천연광물인 섬우라늄석(uraninite)은 방사성 원소인 우라늄과 라듐을 함유한다.

라이프치히로 돌아온 나는 약속한 대로 우리가 논했던 계산을 해보았다.

계산 결과는 보어 선생의 추측대로였다.

커다란 가속기에서 나온 고속의 양성자는 원자핵에 남아 있으며, 충돌로 핵의 온도가 올라간다는 계산 결과를 얻었다.

* **오토 한**(Otto Hahn, 1879~1968) 1938년 프리츠 슈트라스만과 함께 우라늄 원자핵의 핵분열에 관한 연구를 발표하여, 1944년 노벨화학상을 받았다.

나는 소립자 연구에도 열중했다.

반물질에 대한 폴 디랙의 가설은 미국 물리학자 칼 앤더슨•이 실험을 통해 확인했다.

디랙은 슈뢰딩거 방정식을 빛의 속도에 가깝게 움직이는 전자에 적용하기 위해 디랙 방정식을 만들었다.

$(i\gamma^{\mu}\partial_{\mu} - m)\psi = 0$

디랙 방정식의 해를 구했더니 전자의 에너지가 음수인 경우가 있었다.

$E = mc^2$

$E = 0$

$E = -mc^2$

전자가 가질 수 있는 에너지

상대론과 일치

전자가 가질 수 있는 에너지

예상치 못했던 음의 에너지 상태

제 추론에 의하면 이 입자는 전자와 모든 성질이 같고 단지 전하량만 반대입니다.
−e
+e
전자
반전자
E=mc²
E=0
E=-mc²

그것이 1931년의 일이었고, 같은 해 칼텍의 대학원생이던 앤더슨이 수업 중 안개상자의 사진에 나타난 예기치 못했던 입자의 자취를 보게 되었다.

• **칼 앤더슨(Carl David Anderson, 1905~1991)** 1932년 양전자를 발견한 공로로 1936년 노벨물리학상을 수상했다. 같은 해에 뮤온을 발견했다.

자기장 속에서 전자는
특정 방향으로 휘어야
하는데 정반대로
휘어지는 입자가
발견된 것이다.

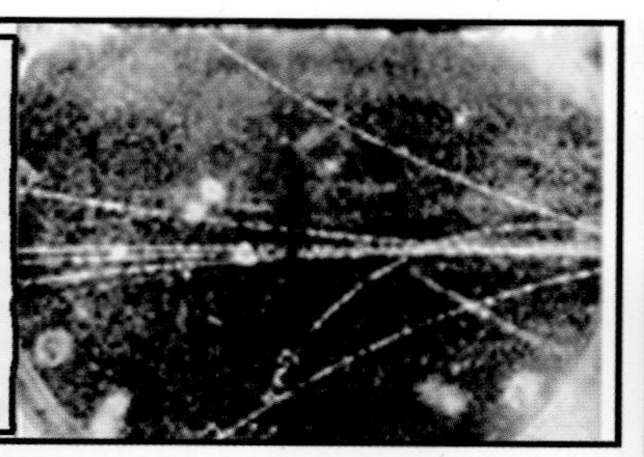

그는 이것을 전자와 같은 질량을 갖고 있으나,
정반대의 전하를 갖는 입자라고 정확히 해석해냈다.

그리고 이 입자를
양전자(positron)라고
명명했다.

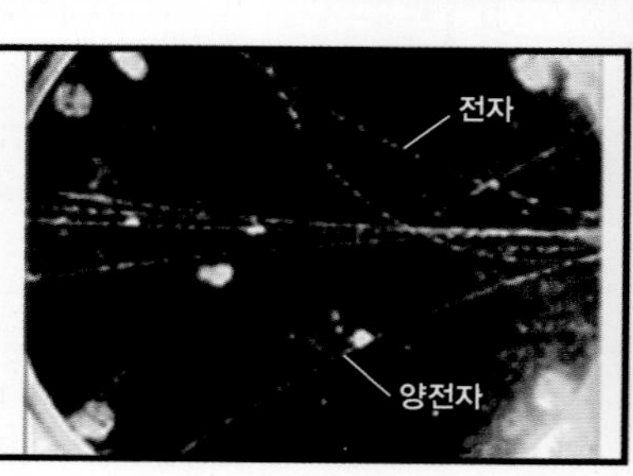
전자
양전자

나는 양전자로부터 소우주의 대칭구조를 추론했다.
이것은 후에 내가 만들어내는 '물질의 통일이론'의
출발점이었다.

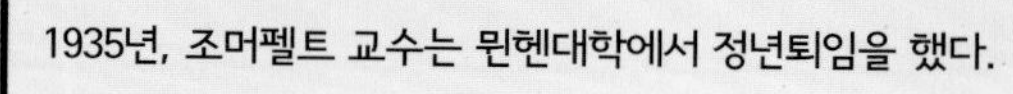
1935년, 조머펠트 교수는 뮌헨대학에서 정년퇴임을 했다.

교수초빙위원회가 자네를 내 후임으로 생각하고 있네.
그게 정말인가요? 교수님의 후임이라니 큰 영광입니다.

나 역시 뮌헨대학에 초빙되기를 간절히
원했다. 그러나 이런 바람은 슈타르크의
방해로 좌절되었다.

1937년 1월, 나는 일본 여행을 앞두고
있는 보어 선생에게 편지를 썼다.

선생님이 여행에서 돌아오실
즈음이면 세상이 바뀔 수도
있습니다. 저는 몇 주 앞도
내다볼 수 없습니다.

나는 어디에서나 관심의 중심에
있었지만, 끝없는 고독을 느꼈다.

라이프치히의 도심에서 나치의 겨울철 구호휘장을 팔던 날에는
더없는 절망의 늪에 빠져들었다.

그날 밤, 나는 한 출판인의 집에서 열린
실내악 연주에 초대받았다.

아침부터 기분이 좋지 않은
상태였지만 손님의 수가 적다는
사실을 알고 참석했다.

한 젊은 여성이 눈에 띄었다.

그녀는 라이프치히의 한 서점에서 일하고
있었으며, 이름은 엘리자베트 슈마허였다.

그녀와 대화를 나누면서 그날 아침에 느꼈던 굴욕감, 무력감에서 벗어날 수 있었다.

그날 내가 연주했던 베토벤 피아노 3중주는 그녀를 위한 첫 연주였다.

이후로 나는 엘리자베트와 자주 만나 이야기도 나누고 연주도 즐겼다.

그녀가 노래를 부르면 내가 피아노로 반주를 해주곤 했다.

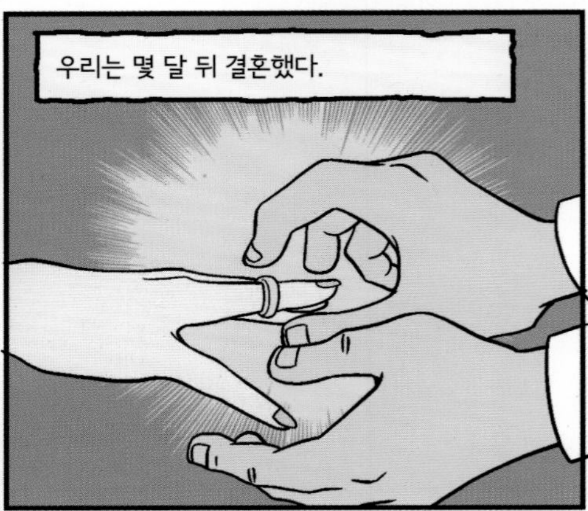
우리는 몇 달 뒤 결혼했다.

엘리자베트는 나와 함께 모든 고난과 위험을 극복해 나갔다.

- **엘리자베트 슈마허**(Elisabeth Schumacher, 1914~1998) 『작은 것이 아름답다』로 세계적인 명성을 지닌 경제학자 슈마허의 여동생이다. 하이젠베르크와 슈마허는 결혼 후 이듬해 이란성 쌍둥이를 낳았고, 그후로도 다섯 아이를 더 두었다.

7

과학자의 양심

제2차 세계대전과 핵개발

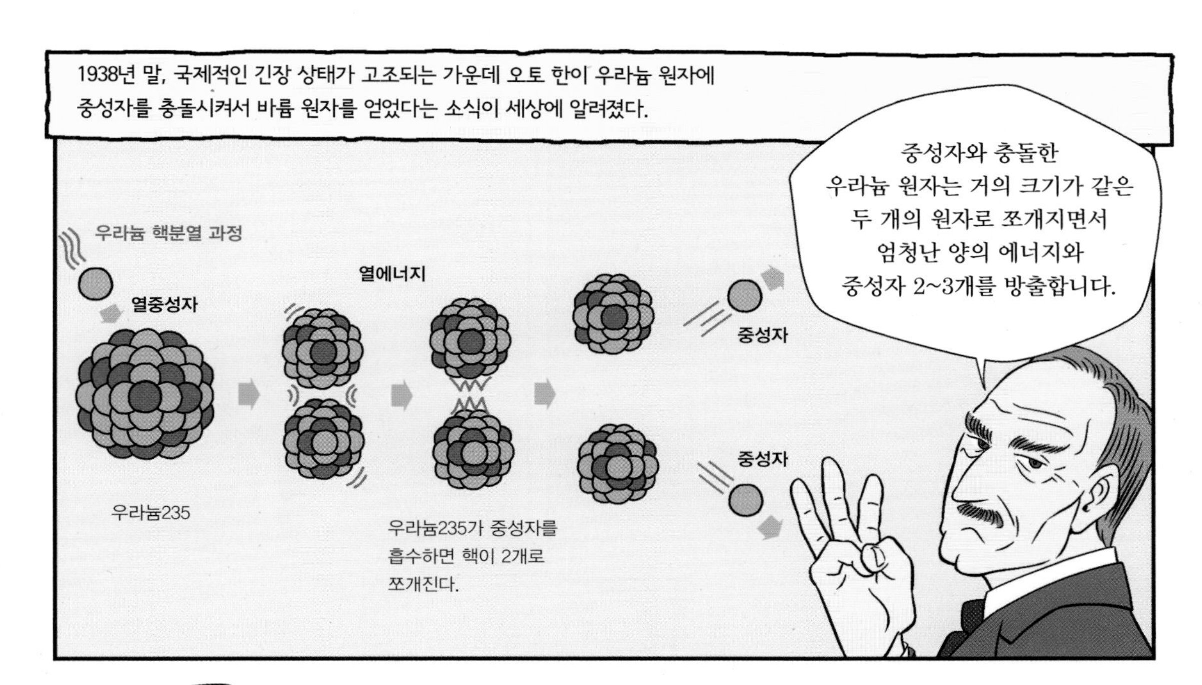
1938년 말, 국제적인 긴장 상태가 고조되는 가운데 오토 한이 우라늄 원자에
중성자를 충돌시켜서 바륨 원자를 얻었다는 소식이 세상에 알려졌다.
우라늄 핵분열 과정
열중성자
열에너지
중성자
중성자
우라늄235
우라늄235가 중성자를
흡수하면 핵이 2개로
쪼개진다.
중성자와 충돌한
우라늄 원자는 거의 크기가 같은
두 개의 원자로 쪼개지면서
엄청난 양의 에너지와
중성자 2~3개를 방출합니다.

방출된 중성자를 이용해서
충돌이 연쇄적으로
발생하도록 만들 수 있다는
뜻인가요?
이론적으로는
그렇습니다.
그럼, 충돌에 의해
발생하는 에너지도 엄청난
양으로 증가하겠네요?

놀라운 발견이야!
저 방법을 사용하면
많은 양의 에너지를
쉽게 생산할 수 있겠는데.

이론이 실제로 실현되기까지는 많은 시간이 걸렸다.

1939년 여름, 나는 미국 시카고대학으로 가서 페르미*를 만났다.

그는 나와 괴팅겐의 보른 세미나에서 함께 공부했으며, 한 해 전인 1938년에 노벨물리학상을 받았다.

자네도 나처럼 미국으로 이민하는 것이 좋지 않겠나?

자네는 이곳 생활에 만족하는가?

나는 이탈리아에서는 위대한 물리학자였지만 이곳에서는 젊은 물리학자일 뿐이네.

그래서 어려움이 많을 것 같은데?
그렇지 않아. 어떠한 구속이나 의무감 없이 자유롭게 연구할 수 있는 이곳이 너무 좋다네.

그래, 좋아 보이는구먼….

* **엔리코 페르미**(Enrico Fermi, 1901~1954) 중성자를 충돌시켜 새로운 방사성 원소를 확인하고, 느린 중성자에 의해 일어나는 핵반응을 발견한 공로로 노벨물리학상을 수상했다. 무솔리니의 파시즘 정권이었던 이탈리아를 빠져나와 스톡홀름에서 노벨상을 받은 후 아내가 유대인이었기 때문에 그대로 미국으로 망명했다.

그러니 자네도 미국으로 오게나. 지금 분위기로는 미친 히틀러가 곧 전쟁을 일으킬 기세야.

난 독일에 남을 것이네. 정말 전쟁이 일어난다면, 전후 독일에 과학을 재건하기 위해서라도 남아야지 않겠나.

허나, 자네가 꼭 기억해야 할 것이 있네.
음?

오토 한이 발견한 원자 핵분열이 폭탄의 형태로 이용될 것을 고려해야 한단 말일세.
전쟁이 나면 우리 같은 원자물리학자들은 필시 자국의 이익을 위해 폭탄 개발에 동원되겠지.

내 생각엔 그런 일이 실현되기에는 기술적인 문제로 인해 시간이 많이 걸릴 것 같아.
폭탄 개발이 기술적으로 완성되기 전에 전쟁은 끝날 것이고….

혹시 자네는 히틀러가 전쟁에서 이길 거라고 생각하나?

그렇진 않네. 지금의 전쟁은 기술의 뒷받침 없이는 승리하기 힘들 거라고 생각해.

독일은 상대국에 비해 기술 투자도 적고, 기술력도 부족하다네.
그럼에도 불구하고 자네가 독일을 떠나지 않는 이유는 뭔가?

어떤 나라든 혁명이나 전쟁을 겪을 수 있다고 생각해. 그때마다 모두 조국을 등지고 이민을 간다면 조국을 재건할 사람은 하나도 없어.

나는 이미 몇 년 전에 플랑크 선생과 독일을 떠나지 않기로 약속을 했네.

어째서 그런 약속을…?

매우 유감이군. 전쟁이 끝나면 다시 만나세그려.
다시 만나는 날까지 잘 지내게.

독일로 돌아오는 배 안은 거의 텅 비어 있었다.

페르미의 예측대로 전쟁이 곧 일어날 조짐을 텅 빈 배에서도 느낄 수 있었다.

1939년 9월, 아침 일찍 편지를 받으러 우체국에 가는 길에 호텔 주인을 만났다.
교수님! 폴란드와 전쟁이 시작됐어요. 알고 계세요?

네? 전쟁이 시작됐다구요?

그래도 한 3주일이면 끝날 겁니다.

며칠 뒤 나는 소집영장을 받았다.
소집영장

내가 가야 할 곳은 베를린에 있는 카이저 빌헬름 물리학연구소*였다.

1939년 9월 26일, 카이저 빌헬름 물리학연구소
전쟁 중인 우리 독일을 위해 우라늄 핵분열 기술을 활용할 수 있는지 조사해 주시오!

* **카이저 빌헬름 물리학연구소** 막스플랑크 연구소의 전신.

혹시 결과가
부정적으로 나온다면
어떻게 할 거요?

그래도 조사할
가치는 있다고
봅니다.
최소한 적국이
우리를 공격할 수
없다는 것은 알릴 수
있으니까요.

여기에 모이신 여러분은
각자 자기 연구소에서
지금부터 말씀드리는
실험을 수행하고 우리에게
보고해 주시면 됩니다.

하이젠베르크
교수님, 당신은
천연우라늄을 이용한
연쇄반응이 정말
가능한지 검토해
주십시오.

알겠소이다.

그곳에서 나는 제자 카를 프리드리히•를 만났다.

자네도 우라늄
클럽의 회원이
되었군.

그렇습니다,
선생님.

지금이 평화로운
시기라면 자네와 함께
이런 연구를 하는 것이
마냥 즐거울 텐데….

저도 알고 있어요.
그래서 여기까지
오는 일은 없었으면
했는데….

선생님은 이 프로젝트가
물리적으로 가능하다고
생각하세요?
다행히 자연계에
존재하는 우라늄을
가지고 연쇄반응을
일으킨다는 건
지금으로서는
불가능하지.

자연계에 존재하는
우라늄이란 우라늄235를
말씀하시는 거죠?

그렇지, 연쇄반응에는
순도 높은 우라늄235가
필요하네.

• **카를 프리드리히 폰 바이츠제커**(Karl Friedrich Freiherr von Weizsäcker, 1912~2007) 독일 물리학자이자 철학자. 바이츠제커 가문의 남자들은 독일 정부에서 고위직을 맡았다. 카를의 동생인 리하르트 폰 바이츠제커는 서베를린 시장을 지내고 제6대 대통령이 된 인물이다.

순도 높은 우라늄235를 충분히 확보하는 데는 아직 어려움이 많아.

그럼, 충분한 시간만 주어진다면 가능할 수도 있겠군요.
그럴지도…. 하지만 그전에 우리보다 자금력과 기술력이 우수한 미국이나 영국이 더 신속하게 해낼 것 같네.

그렇다면 이 연구는 하나마나겠군요?
하지만 핵분열 속도를 조절하여 제어 가능한 에너지를 생산한다면 우리에게도 승산이 있다고 생각해.
그 방법은 비용이 많이 들거나 고도의 기술을 요하지는 않는다는 의미인가요?

맞아. 우리는 그 방법으로 연구를 진행하는 것이 좋겠다는 게 내 판단일세.

선생님 말씀대로라면 이 우라늄 프로젝트는 전후에도 유용하게 사용될 것 같네요.

나는 카이저 빌헬름 연구소와 라이프치히대학을 오가며 프로젝트를 수행했다.

1941년, 드디어 초기 형태의 원자로가 건설되었다.

내 예측대로 핵분열 속도를 조절하여 제어 가능한 에너지를 생산할 수 있는 원자로가 건설되었군.

선생님, 우리가 만들었다면 미국이나 영국 쪽도 만들지 않았을까요?
그럴 수 있겠지.

순도 높은 우라늄235를 충분히 확보했을 가능성도 배제할 수 없겠구요?

게다가 핵분열 기술까지 획득했다면 어마어마한 폭발력을 지닌 폭탄을 만들어냈다는 뜻이야.

크기는 작지만 대단한 에너지를 지닌 원자폭탄이 되겠죠.

원자로와 원자폭탄은 핵분열 에너지를
이용한다는 점만 동일할 뿐이다.

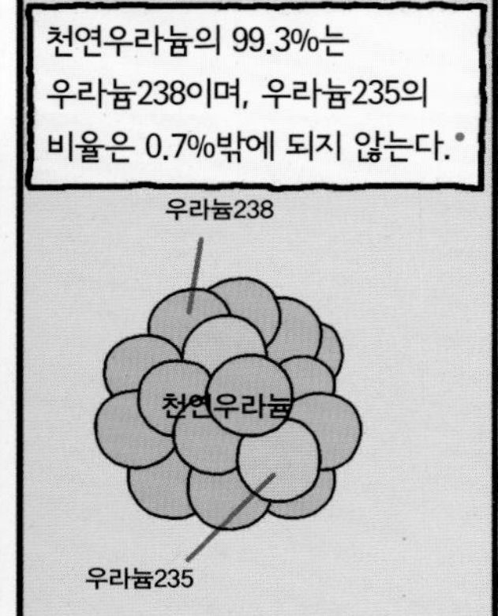

천연우라늄의 99.3%는
우라늄238이며, 우라늄235의
비율은 0.7%밖에 되지 않는다.•
우라늄238
천연우라늄
우라늄235

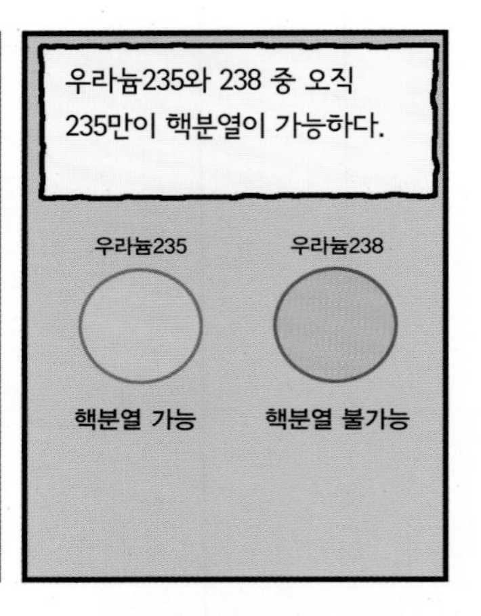

우라늄235와 238 중 오직
235만이 핵분열이 가능하다.
우라늄235
우라늄238
핵분열 가능
핵분열 불가능

하지만 우라늄238도 원자로 안에서
핵분열 과정을 거쳐 플루토늄239로
바뀌면 핵분열을 할 수 있다.

원자로와 원자폭탄의 차이는
우라늄235의 농축량에 의해
결정된다.

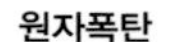

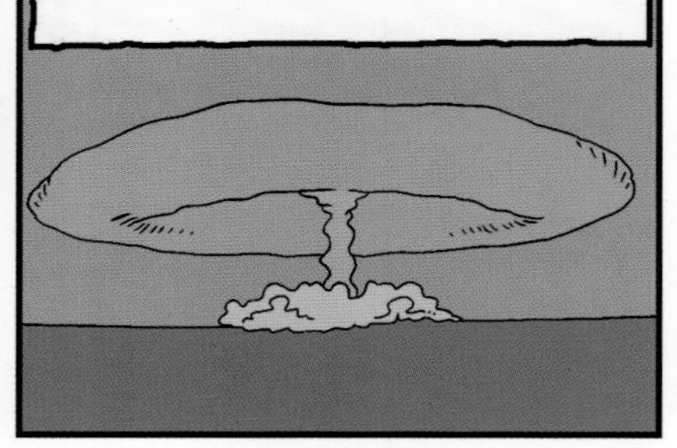

원자로는 우라늄235의 양이 적은 저농축
상태여서 반응이 서서히 일어나는데 반해,
원자폭탄은 고농축 상태여서 반응이
폭발적으로 일어난다.

원자력 발전

저농축 우라늄을 원자로 속에서
핵분열을 일으켜 발전에 필요한
310℃ 정도의 물을 끓일 수 있는
열만 발생시키므로 에너지를
장기간 조금씩 생산하는 원리.

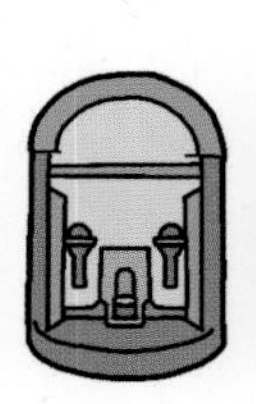

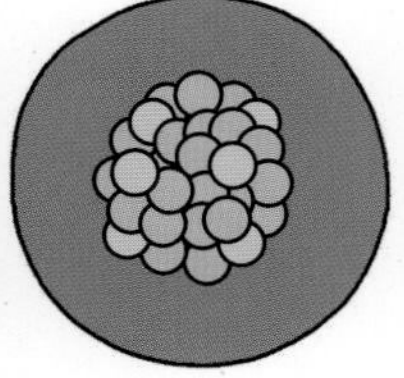

우라늄235 약 2~5%
우라늄238 약 95~98%

원자폭탄

원료 중 90% 이상을 고농축
우라늄235가 차지하므로, 일단
핵분열이 시작되면 반응이 연쇄적으로
확산되면서 엄청난 에너지를 토해낸다.
이 고농축 원료를 쉽게 폭발하는 용기
속에 장착시킨 것이 원자폭탄이다.

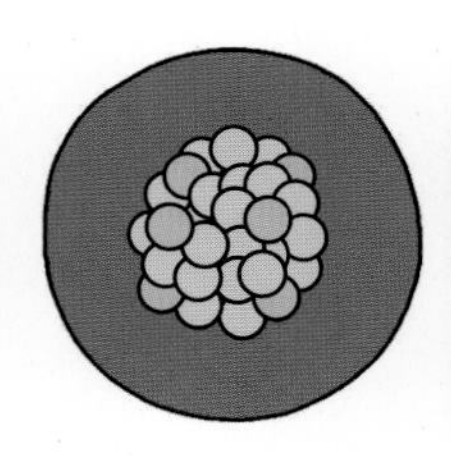

우라늄235 약 90% 이상
우라늄238 약 10% 이하

우라늄235가 분열할 때 나오는 중성자 중의
일부가 우라늄238에 흡수되면
플루토늄239로 되어 플루토늄 폭탄이 된다.

• 천연우라늄에는 질량수가 다른(즉 동위원소) 234, 235, 238의 3종이 있는데, 99% 이상이 우라늄238이다. 세 종류 모두 반감기가 아주 길다.

만일 미국이나 영국에서
원자폭탄을 만들었다면…
그건 대단히 위험한 일이네.

우리가 그들보다 먼저
만들어도 위험한 건
마찬가지예요.
선생님, 코펜하겐에 계시는
보어 교수와 상의해 보면
어떨까요?

1941년 10월, 나는 1933년에 플랑크 선생을 찾아갔던
심정으로 보어 선생을 만났다.

예전과 달리 매우 어색하고 불편한 기운이 느껴졌다.

선생님,
그동안 어떻게
지내셨는지요?

덴마크는 1940년 독일군의 침공을
받아 이미 점령된 상태였다.
내게 무슨 말을
듣고 싶은 거요?

나는 혹시라도 있을지 모르는 독일군의
도청을 염려해 조심스럽게 말을 건넸다.

전쟁 중에 물리학자가
우라늄을 연구하는 것이
옳다고 생각하세요?

자네는 정말 우라늄 핵분열을 무기 제조에 이용할 수 있다고 생각하나?
원리적으로는 가능하니까요!

하지만 실현되기 위해서는 많은 기술적 투자가 필요하지요.

다만, 전쟁 중에는 그것이 실현되지 않기를 바랄 뿐입니다.

보어 선생은 원자폭탄을 만들 수 있다는 나의 말에 놀라서 그것이 실현되기 위해서는 엄청난 시간과 비용이 든다는 사실은 진지하게 받아들이지 않았던 것 같다.

지금 상황에서는 모든 나라의 물리학자들이 전쟁에 참여하는 것이 불가피한 일이네.

그럼… 우라늄을 연구하는 것도 정당하다는 말씀인가요?
그것 역시 부득이한 일이네.

나는 참담한 심정이 되어 돌아왔다.
오랜 시간 나와 생각을 나누었던 보어 선생과도 소통할 수 없다니 전쟁이 정말 원망스럽다.

이후 1943년, 보어 선생은 런던으로 도피하여 미국의 '맨해튼 프로젝트'•를 위해 일하는 과학자들에게 자문하는 일을 맡았다.

1942년, 나는 카이저 빌헬름 물리학연구소의 소장직을 맡게 되었다.
소장 하이젠베르크

그리고 베를린대학으로 자리를 옮겼다.

1년 후, 연합군의 공습 위험을 피하기 위해 연구소는 베를린에서 남쪽으로 멀리 떨어진 헤힝겐으로 이전했다.
함부르크
브레멘
베를린
라이프치히
뒤셀도르프
쾰른
본
프랑크푸르트
헤힝겐
취리히
뮌헨

그리고 헤힝겐에서 멀지 않은 마을, 하이걸로흐에 있는 교회 지하실에서 원자로 실험을 재개했다.

• **맨해튼 프로젝트** 미국이 착수한 원자폭탄 제조를 위한 비밀 계획의 이름이다. 오토 한의 핵분열 발견 소식을 대서양 건너 미국에 전한 장본인이 닐스 보어였다. 이 엄청난 발견을 헝가리 출신의 미국 망명 물리학자 두 명이 아인슈타인에게 전하고, 아인슈타인이 독일의 핵무기 개발을 경고하는 편지를 써서 당시 미국 대통령 루스벨트에게 전달한 결과 맨해튼 프로젝트가 시작되었다.

우리 손으로 만든 원자로가
연쇄반응에 성공한다면
세계 최초가 될걸세.
한번 해보자고.

우리는 1942년 12월에 페르미가
시카고에서 만든 원자로로 연쇄반응에
성공했다는 사실을 알지 못했다.

1945년 2월
소장님,
베를린에서 보낸
우라늄과 중수가
도착했습니다!

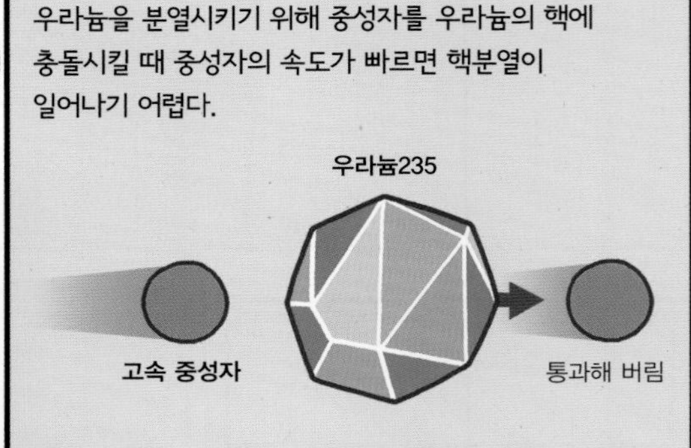
우라늄을 분열시키기 위해 중성자를 우라늄의 핵에
충돌시킬 때 중성자의 속도가 빠르면 핵분열이
일어나기 어렵다.
우라늄235
고속 중성자
통과해 버림

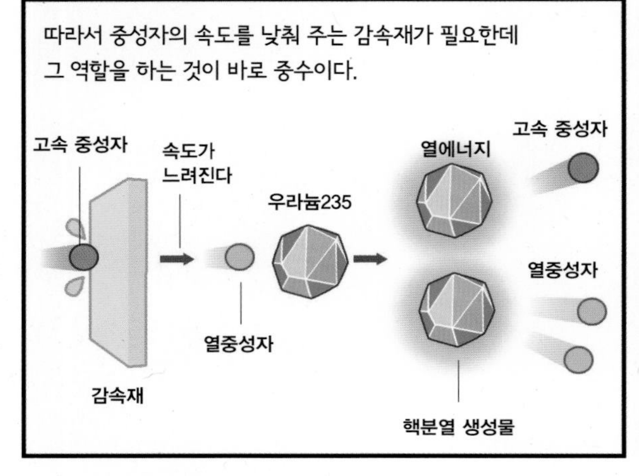
따라서 중성자의 속도를 낮춰 주는 감속재가 필요한데
그 역할을 하는 것이 바로 중수이다.
고속 중성자
속도가
느려진다
우라늄235
열에너지
고속 중성자
열중성자
열중성자
감속재
핵분열 생성물

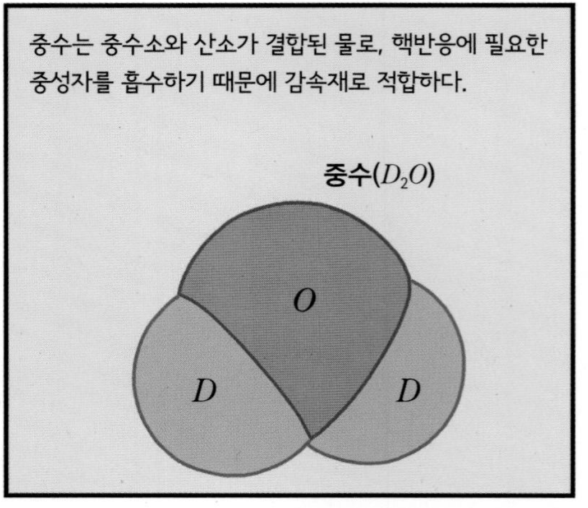
중수는 중수소와 산소가 결합된 물로, 핵반응에 필요한
중성자를 흡수하기 때문에 감속재로 적합하다.
중수(D_2O)
O
D
D

• 원자폭탄 개발 경쟁에서 독일은 연합국이 벌인 다각도의 방해 작전으로, 처음에는 우라늄 확보에 어려움을 겪었다. 충분한 양의 우라늄을 구하지 못하니 차선책으로 감속재인 중수를 사용하는 방법을 채택했는데, 그때에도 중수 수송선 폭파 같은 방해공작이 끊이지 않았다. 반면, 미국은 중수 방식을 쓰지 않았고, 막대한 비용과 우수한 과학자를 대거 투입한 덕분에 폭탄 제조에 성공했다.

우리는 중성자의 속도를 늦추는 방식을 채택했기
때문에 많은 중수가 필요했다. 하지만 충분한 중수를
확보하지 못하는 바람에 우리의 실험은 실패로 끝났다.

4월, 독일은 전쟁에 패했고, 미국군이
하이걸로흐를 점령했다.

미국군의 알조스 파견대는 도착 즉시
원자로를 해체하는 일에 착수했다.

알조스 파견대는 맨해튼 프로젝트의 핵심으로, 총지휘는
보리스 패시 대령이 맡고, 과학자 집단의 리더는 사무엘
하우츠밋*이었다.

이곳 핵무기 연구자들을
하이델베르크로
압송하시오.

* **사무엘 하우츠밋(Samuel Goudsmit, 1902~1978)** 네덜란드계 미국 물리학자이며, 울렌벡(George Eugene Uhlenbeck)과 함께 1925년에 전자의 스핀 개념을 만든 것으로 유명하다.

하이델베르크
미국으로 와서
우리와 함께
일해 봅시다.

아니오, 나는 가고
싶지 않소. 독일은
내가 필요하오.

우리 우라늄 클럽의 과학자들은
파리, 벨기에를 거쳐 영국 시골의
팜홀에서 억류 생활을 하게 되었다.

오토 한, 막스 폰 라우에, 카를 프리드리히가 함께 있었다.

나를 비롯한 독일 원자물리학자들이 미군에 의해 억류된
채 지루한 나날을 보내는 동안, 7월 16일 인류 최초의
원자폭탄이 미국 네바다 사막에서 폭발 실험에 성공했다.

맨해튼 프로젝트의 완전한 성공이었다.

1945년 8월 6일, 일본의 히로시마에 원자폭탄이
투하되었다는 소식이 들려왔다.

너무도 참담했다.

내가 지난 25년 동안 연구했던 원자물리학이 26만 명의 목숨을 앗아 갔다니….

오토 한이 가장 큰 충격을
받았다.

다음 날, 나는 카를과 산책을 하며
이야기를 나누었다.
한 박사님은 자신의 놀라운 발견이 상상할 수도 없는 대참사를 일으켰다는 데 절망하고 있어요. 그가 그렇게까지 죄책감을 느껴야 할 이유가 있을까요?

우리가 지난 시간 동안 연구한 것을 모조리 악업으로 단죄할 수는 없겠지….

저도 선생님과 같은
생각이에요. 하지만
우리의 과학적 열망이
원자폭탄 같은 참담한
현실로 드러났어요.

한 박사를 비롯한 우리
모두는 단지 주어진 과제를
수행한 것이네. 우리가 한 일은
역사와 사회의 발전 과정 속에
놓여 있었을 뿐이야.

과학기술이 인간의
복지를 위해서만
사용되도록 하려면
우리 같은 연구자들이
어떻게 해야 할까요?
으음, 내게도 어려운
질문이군….

카를 프리드리히와 나누었던 그날의 대화는 오랫동안
나의 기억 속에 남아 있었다.

1946년 1월, 억류 생활은 끝이 났다.

1948년, 독일의 새 정부는 과학의
재건을 위해 카이저 빌헬름
물리학연구소를 괴팅겐으로 옮겼다.

연구소의 이름도 1년 전
서거한 플랑크 선생을 기리기
위해 막스플랑크 연구소로
바꾸었다.

나는 베를린대학에서
괴팅겐대학으로 자리를 옮겼다.

어느 것 하나 제대로 된 것이
없었다.

전후의 독일은 너무나 황폐해서 연구소나
대학 모두 연구나 수업을 할 준비가 되어
있지 않았다.

그러나 곧 괴팅겐 학자들은 과학자들과 국가행정기관을
연결시키기 위해 '독일 연구협의회'를 구성하였고
초대 의장으로 내가 취임했다.
독일 과학의 재건을 위해서는 국가 및 산업체와의 협력은 반드시 필요합니다.

비슷한 시기에 출발한 '독일 과학연구 보조회'라는
조직이 있었는데, 두 조직은 목적은 같지만
방법에 대한 견해 차이로 인해 마찰이 심했다.
과학이 발전하기 위해서는 정치로부터 독립되어야 합니다.

결국 두 조직은 '독일연구협회'라는 이름으로 통합되었다. 나는 이 협회의 부의장직을 맡아 무너진 독일의 과학을
일으켜 세우기 위해 최선을 다했다.

1952년 2월 29일, 나는 독일연구협회가 소집한
원자물리학 위원회의 의장직도 맡았다.

저는 이번에 독일연구협회가 소집한 원자물리학 위원회 의장을 맡게 되었습니다.

독일은 전쟁을 치르면서 많은 분야에서 전에 가지고 있던 정상의 자리를 잃었습니다.

특히 원자물리학 분야는 연구를 이어갈 다음 세대가 없습니다.

젊은이들이 원자물리학을 연구하도록 하기 위해서는 정부의 도움이 절실합니다.

정부와 협력하여 연구비를 확보하고 일자리도 마련해 주어야 할 것입니다.

나의 노력으로 연방정부로부터 상당한 규모의 재정 지원이 1956년까지 이어졌다.

1950년 이후 유럽에는 다시금 유럽의 오랜 꿈인 통합에 관한 논의가 일어나고 있었다. 이런 움직임에 힘입어 과학계는 제네바에 대규모 핵연구센터를 설립하기로 했다.

원자물리학 위원회는 연방정부에 유럽 공동연구소 설립에 동참할 것을 권했고, 독일 대표로 내가 참석하게 되었다.

CERN* 은 1949년 스위스 로잔에서 열린 학회에서 루이 드 브로이의 제안으로부터 시작되었다.

유럽 각국이 개별적으로 감당하기 어려운 과학 연구를 추진할 실험실 또는 연구소가 생기면,
국가적인 시설 이상의 자원에 힘입어 규모와 비용 면에서 개별 국가의 범위를 넘어서는 과업을 수행할 수 있을 것입니다.

이후 1951년 12월 파리에서 열린 유네스코 회의에서 연구소를 설립하자는 결의안이 채택되었고, 두 달 후 독일을 비롯한 12개국이 설립 동의안에 서명해 CERN이란 이름이 탄생했다.

1952년에는 그 부지를 스위스 제네바와 프랑스의 국경지대에 마련했다. 오늘날까지 이곳은 세계 최대 입자물리학 연구소의 지위를 이어오고 있다.

당시 CERN에 동참하는 것은 독일 원자물리학의 명맥을 이을 수 있는 유일한 합법적 방법이었다.

2차대전 전승국이 규정한 원자로 가동 금지 조약으로 인해 독일이 원자로를 연구하는 것은 불가능합니다.

CERN 같은 범국가적인 연구소의 설립은 독일의 원자 물리학자들에게는 더할 나위 없이 반가운 일입니다.

* 원래 세른(CERN)은 Conseil Européen pour la Recherche Nucléaire의 약칭으로, 유럽 공동연구소 설립을 위한 한시적 준비기구였다. 1954년에 이르러 유럽입자물리연구소(Organisation Européenne pour la Recherche Nucléaire, 유럽핵공동연구소로도 불림)가 공식적으로 출범하게 되는데, 새 이름보다는 임시기구의 이름으로 계속 불리고 있다.

독일이 가지고 있던 원자 기술을 다른 나라의 연구진과 공유하고 더욱 발전시킬 수 있는 기회를 얻게 되어 기쁩니다.

마침내 우리 독일 원자물리학자들이 연구를 계속할 수 있게 되었다.

독일로 돌아온 나는 연방정부에 CERN에 연구지원비를 후원할 것을 요청했다.

그러나 2년 후 나는 원자물리학 위원회에 이렇게 보고했다.
CERN의 새로운 임원을 선출할 때 독일은 지금까지 낸 분담금에 비해 마땅한 대우를 받지 못하고 있습니다.

전쟁을 일으킨 독일에 대한 다른 나라들의 반감이 여전하고, 또 경계하고 있는 듯합니다.

그런 상황에서도 원자물리학자들 사이의 만남은 국가를 초월해서 예전처럼 활발해졌다.
안녕하세요?
오! 반가워요.

그리스 학회에서 보어 선생을 만나 예전처럼 다시 이야기를 나눌 수 있었다.

1953년, 나는 훔볼트재단의 초대 이사가 되었다.
Alexander von Humboldt
Stiftung / Foundation

재단의 목적은 학문적으로 우수한 젊은 외국 학자들에게 독일에서 연구할 기회를 제공하는 것이다.

나 역시 코펜하겐의 보어 그룹에서 일할 때 록펠러재단의 장학금을 받았고, 그때 다른 나라 출신이지만 같은 생각을 가진 사람들과 일하면서 느꼈던 즐거움을 잘 알고 있습니다.

여러분은 선택받은 사람들입니다.
부디 독일에서의 연구 경험이 여러분의 삶에 좋은 씨앗이 되기를 기원합니다.

나는 이 재단의 종신이사로서 20여 년 동안 5천 명의 젊은이들을 위해 일했다.

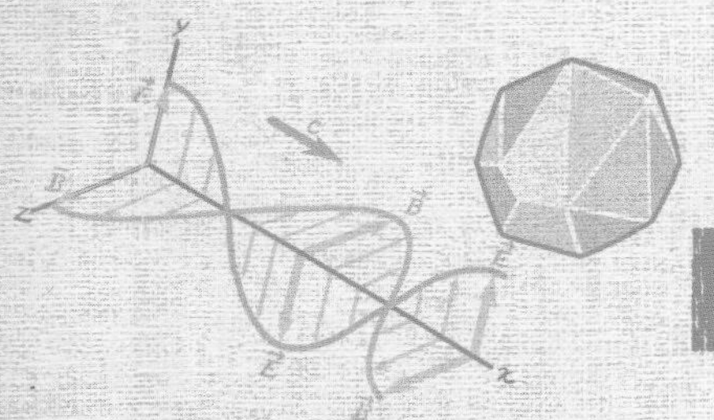

Quantum Mechanics

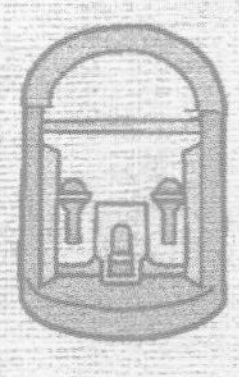

8

끝나지 않은 대화

소립자 세계의 통일장 이론 '세계공식'

종전이 되고 10년이 지나서야 전쟁이 남긴 파괴의 흔적들이 복구되는 듯했다.

연방정부도 이제는 원자물리학에 관심을 가질 여력이 생겼군.

나는 정부의 위촉을 받고 워싱턴에서 열리는 유엔총회에 참석하게 되었다.
원자력의 평화적 이용에 대한 공동결의안을 채택하는 유엔총회에 참석하라는 것을 보니.

드디어 독일에서도 원자물리학을 재개할 수 있게 되겠군.

회의에는 미국과 영국을 위시하여 총 60여 개국의 대표들이 참석했다.

독일 원자기술 사업의 재개에 관해 말씀드릴 기회를 주신 데 감사합니다.

2차대전 종전 이후 10년 동안 독일에서는 원자로와 관련된 연구가 금지되어 있었습니다.

왜였습니까?

전승국과 체결한 조약에 의거한 것이지요. 조약 이행을 위해 원자로 연구는 진행된 적이 없습니다.

그것을 입증할 근거가 있습니까?

독일이 원자폭탄 제조 원리를 전쟁 중에 획득했다는 사실은 모두 아실 겁니다.

그런데도 우린 지난 10년간 원자폭탄을 제조하기 위한 어떠한 시도도 하지 않았습니다!

그랬다고 해서 앞으로의 일을 믿을 수 있는 건 아닙니다.

그럼, 원자폭탄을 만들지 않겠다는 약속을 하면 원자로 개발을 허용하실 건가요?

지난 10년 동안 약속을 잘 이행한 걸 보면 충분히 신뢰할 만하다고 봐요.

그 회의에서 독일은 작은 원자로 하나를 개발해도 좋다는 승인을 받았다.

나는 새로운 원자로가 연구용으로 개발되기를, 그리고 뮌헨 근교에 지어지기를 희망했다.

그러나 원자로는 뮌헨에서 288km나 떨어진 칼스루에에 짓기로 결정되었다.
함부르크
브레멘
하노버
베를린
뒤셀도르프
쾰른
본
라이프치히
프랑크푸르트
칼스루에
뮌헨

원자 기술 개발에 있어 전문가라고 할 수 있는 나의 주장이 무시된 것에 기분이 좋지 않았다.

그뒤 핵무장이 국가의 안보를 지켜내는 수단이 된다는 의견이 정계로부터 강하게 대두되었다.

나와 동료들은 핵무장이 독일의 외교적 입장을 악화시킬 것이라고 생각했다.
자네는 우리 연구소의 장래를 어떻게 생각하나?

우리 연구소에서 원자 기술에 관한 연구를 더 이상 수행할 기회가 없을 것 같아서 걱정하시는군요?

왜 원자 기술에 대한 연구를 막스플랑크 연구소에서 분리하려는 걸까?

아마 다른 이유가 있지 않을까요? 원자 기술 개발의 중심지로 선정되면 일자리가 생기는 것과 경제적 변화가 있을 테니까요.
조속한 시일 안에 원자로 가동을 가능케 하는 것보다 그런 점들이 더 고려됐단 뜻인가?
물론 막스 플랑크 연구소 근처에 원자로를 짓는다면 빠른 시일 내에 가동시킬 수 있겠지요.

그런데 왜 정부는 굳이 뮌헨이 아닌 칼스루에에 원자로를 건설하려는 거지?

저도 잘 모르겠습니다.

연구소와 원자로를 이처럼 막무가내로 분리하려는 목적이 원자 기술을 군사적으로 이용하려는 데 있는 것 같아 걱정이네.

절대로 원자무기를 생산하지 않겠다는 정부의 성명서를 받아내는 게 좋겠군요.

구속력도 없는 성명서 따위를 받아내는 것이 무슨 의미가 있겠나.

어쨌든 우리는 잘못된 방향으로 나아가는 것을 막기 위해 있는 힘을 다해야지요.

선생님, 제3제국 시절을 벌써 잊으셨나요? 정부의 결정이 우리의 연구와 무관하지 않다는 것을….

좋네, 자네에게 내 도움이 필요하다면 언제든지 자네 쪽에 서겠네.

1955년, 피사 학회에서 나는 구상 중이던 소립자 이론의 수학적 구조에 대해 발표했다.

그건 잘 알려진 일반적인 방법이 아니라 새로운 제안이었다.

그 당시 파울리는 중국계 미국인 물리학자 리정다오*가 고안한 수학적 모델을 연구하고 있었다.

하이젠베르크 교수의 연구 방향이 잘못된 것 같아….

나로서는 자네의 연구 결과를 납득할 수 없네.
내 이론에 대해 좀더 자세히 설명할 시간을 주게.

* **리정다오(李政道, 1926~)** 중국 태생 미국 물리학자. 약한 상호작용이 반전성을 위반한다는 사실을 제안하였고, 이 공로로 양전닝과 함께 노벨 물리학상을 수상했다.

학회에서 한 자네의 주장은 자네가 자신의 연구에 대해 아무것도 모르고 있다는 것을 보여 주었네.

난 지금 너무 지쳐 있다네. 시간이 좀더 주어진다면 자네의 동의를 얻을 수 있을 만큼 이론을 정리할 수 있을 것 같네.

이 어려운 문제를 풀기 위해서는 충분한 휴식이 필요하다고 생각했다.

그래서 가족과 함께 덴마크의 셸란 섬으로 휴가를 떠났다.
티스빌데에 있는 보어 선생의 별장이 여기서 멀지 않은데. 내가 봉착한 수학적 난관에 대해 조언도 구해 볼 겸….

안녕하세요? 선생님!

오래간만이군!

선생님의 조언을 듣고 싶어 찾아왔어요.

무엇인가, 자네를
괴롭히는 것이?
새로운 소립자 이론을
만들고 있는데
수학적으로 너무 난해합니다.

물리학적인 문제라면
몰라도 수학적인 문제는
내가 도와줄 게 없다는 걸
알잖나.

파울리마저 등을
돌리니 저로서는 무척
힘이 드네요.

어떤 내용인지
말해 보게나.

선생님도 아시다시피
소립자의 세계를 어떤
상으로 표현한다는 것은
매우 어려운 일이지요.

그렇지, 그래서 자네가
행렬역학을 도입해서
전자의 상태를 기술했던
것 아닌가?
네, 그랬지요.

전 자연에서 쉽게
찾아볼 수 있는 대칭성이야말로
소립자 세계의 문을 여는
열쇠라고 생각하는데요.

자네 이론의 철학적
관점에는 동의하네.

전자의 상태를
기술하기 위해 사용했던
힐베르트 공간*에
자연의 대칭성을
포함시키려고 합니다.
자네의 실력이라면
충분히 할 수
있으리라 보네.

보어 선생은 자연에서 관찰되는
모든 대칭성을 하나의 방정식으로
표현하고 싶다는 내 구상을
격려해 주었다.

선생님,
옛날처럼 힘을 얻고
돌아갑니다.
안녕히 계세요.

자, 다시 집중하여
파울리와의 논쟁에
결말을 내야지….

나의 노력에도 불구하고 파울리는 거듭 반박할 뿐이었다.

* **힐베르트 공간**(Hilbert Space) 독일의 수학자 다비드 힐베르트의 이름을 딴 개념으로, 순수히 대수적인 성질만을 지닌 벡터 공간에 각, 길이 등 기하학적 성질을 부여한다.

1957년 4월, 연방정부의 수상 아데나워*의 발언이 원자물리학자들을 동요하게 만들었다.
전술적인 원자무기는 기본적으로 포병의 계속된 발전과 조금도 다르지 않습니다.

아데나워의 발언은 국민들로 하여금 원자무기에 대해 완전히 잘못된 생각을 갖게 하겠군요.

어떻게 하면 좋겠나?

원자 기술에 관해 자문을 해야 하는 우리가 지금 침묵한다면 그건 정부에 동의한다는 뜻이지요.

4월 12일, 카를 프리드리히와 나를 포함한 18명의 원자물리학자들은 괴팅겐 선언을 발표했다.
원자무기 개발 반대

* **콘라트 아데나워(Konrad Adenauer, 1876~1967)** 독일연방공화국(구 서독)의 수상으로 1949년부터 1963년까지 세 차례나 연임했다.

여기 모인 우리 18명의
원자물리학자들은
연방정부의 핵무장에
반대하며 핵개발에 관한
어떠한 연구에도
참여하지 않겠다.

우리의 행동은 사회적으로 큰 반향을
불러일으켰다.
BOOM
KAMPFDEMAITOMTOD!!

그럼에도 9월에 있었던
연방의회 선거 결과는
아데나워의 승리였다.

우리가 지금 핵무장을
하지 않는다면 소련의
지배를 받을 수도
있습니다.

1957년 가을, 도바에서 열린 원자물리학
학회에서 파울리를 다시 만났다.
잘 지냈나,
볼프강?
덕분에
잘 지냈네.

이 학회에서 관심의 대상은 리정다오와 양전닝*의 발견이었다.

* **양전닝(楊振寧, 1922~)** 중국계 미국인 이론물리학자. 1957년 노벨물리학상을 받았다. 학계에는 프랭크 양(Frank Yang)이라는 이름으로도 알려져 있다.

두 사람은 약한 상호작용에서는 반전성 대칭이 깨지는 현상을 발견했다.

제 스승인 페르미 교수님이 제안한 약한 상호작용은 전자나 양전자 같은 베타입자가 방출될 때 나타나는 힘입니다.

중성자(n^0)가 양성자(p^+)로 바뀔 때 전자(e)와 반중성미자(antineutrino, $\bar{\nu}_e$)가 방출됩니다.
$n^0 \rightarrow p^+ + e^- + \bar{\nu}_e$

양성자(p^+)가 에너지를 흡수하면 중성자(n^0)로 바뀌면서 양전자(e)와 중성미자(neutrino, ν_e)* 를 방출합니다.
에너지$+p^+ \rightarrow n^0 + e^+ + \nu_e$

질량이 없는 중성미자에 대한 예측은 이 자리에 참석하신 파울리 교수님이 이미 20년 전에 하셨습니다.
$n^0 \rightarrow p^+ + e^- + \bar{\nu}_e$
에너지$+p^+ \rightarrow n^0 + e^+ + \nu_e$

* **중성미자(neutrino)** 약력과 중력에만 반응하는 아주 작은 질량을 가진 기본 입자. 질량이 없다고 알려져 있었으나, 1998년 일본의 슈퍼카미오칸데(중성미자 검출 실험 시설) 실험 이후 여러 실험이 수행되면서 미세하지만 질량이 있는 것으로 밝혀졌다. 2015년 노벨물리학상은 이에 대한 공로를 인정하여 일본과 미국의 물리학자에게 공동으로 수여되었다.

정말 흥미로운 점은 이러한 베타 붕괴에서 방출되는 중성미자는 좌형(左形)만 존재하고, 반중성미자는 우형(右形)만 존재한다는 것입니다.
이론뿐 아니라 실험적으로도 확인된 사실입니다.
중성미자
반중성미자

이것은 지금까지 자연법칙에 내재되어 있던 반전(좌우) 대칭성이 약한 상호작용에서는 깨진다는 의미입니다.

반전성이 무엇인지요?
반전성은 입자계를 나타내는 파동함수가 공간좌표의 변환에 의해 어떻게 달라지는가를 나타내는 성질입니다.

계를 기술하는 공간좌표를 원점을 중심으로 반전시키면 $(x, y, z) \longrightarrow (-x, -y, -z)$로 바뀌는데, 한 번의 반전으로 부호가 원래의 계와 동일하면 그 계는 좌형, 부호가 바뀌면 우형이라고 합니다.

일반적으로 입자 간의 상호작용은 3차원 공간에서나, 그것의 거울 속 공간에서나 동일한 형태로 표현됩니다. 그걸 반전 대칭성이라고 합니다.

바로 이런 반전 대칭성이 약한 상호작용이 일어날 때 깨진다는 것이 저희가 발견한 내용입니다.
중성미자
반중성미자

나는 이들의 발표를 듣고 자연 속에 숨겨진 대칭성에 대해 생각해 보았다.

자네 생각은 어떤가? 뭔가 나올 것 같지 않나?
음, 자네가 갈구하는 자연의 대칭성을 찾을 수도 있을 것 같네.

자연에서 관찰되는 모든 대칭성을 짜임새 있게 표현할 수 있는 하나의 방정식!

연구에 매진하던 어느 날, 불현듯 시간과 공간, 양성자와 중성자까지 포함하며 높은 대칭성을 갖춘 방정식이 떠올랐다.

나는 즉시 파울리에게 편지를 보냈다.

나의 편지를 받은 파울리도 바로 흥미를 보였다.
이 방정식의 완성도를 높이기 위해 함께 연구해 나가세.

단순함과 고도의 대칭성을 갖춘 이 방정식이야말로 소립자의 통일장 이론이라고 해도 손색이 없을 듯해.

나도 소립자 세계의 문을 여는 열쇠를 얻은 것 같아 너무나 기쁘네.

새로운 이론을 만들 수 있다는 기대에 들떠 우리는 여러 차례 편지를 주고받았다.
그러나 파울리와의 교신은 오래지 않아 끊어졌다.

1958년 7월, 나와 파울리는 제네바에서 열린 학회에서 재회했다.

나는 학회에서 그때까지의 연구결과를 보고했다.

뜻밖에도 파울리는 나의 이론을 정면으로 공격했다.

나로서는 돌변한 그의 태도를 이해할 수 없었다.

자네에게 정말 실망했네. 너무 자신의 생각에만 빠져서 쓸모없는 것을 결론으로 내세우고 있더군.
지금까지 연구 결과에 대한 권리를 자네에게 모두 양도하지. 자네와의 공동연구를 포기한단 뜻이야.

그렇지만 나는 자네가 이 문제에 대해 계속 연구하는 것이 좋은 일이라고 생각하네.

해결해야 할 문제가 많지만 시간이 흐르면 자네는 해결할 수 있을 거야.
자네와 함께한다면 빠른 시간 내에 그 문제들은 해결될 것 같은데, 대체 왜 그러나?

아니야,
모든 것이 이전과는
달라졌어.

그것이 파울리와 나눈 마지막 대화였다.

1958년 말, 파울리는 응급수술을 받다가 사망했다.

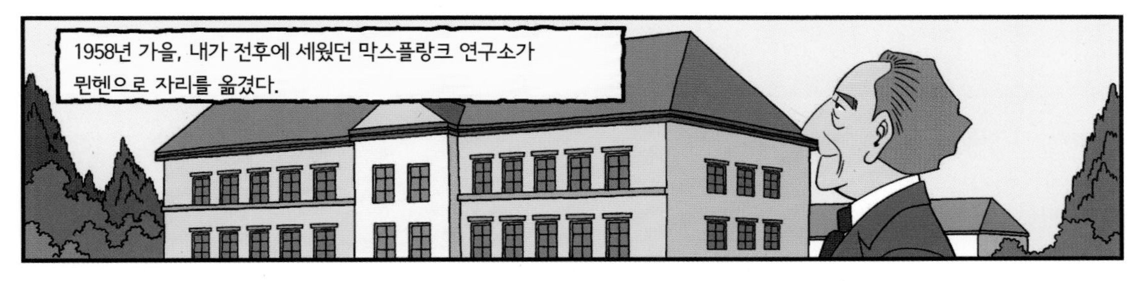
1958년 가을, 내가 전후에 세웠던 막스플랑크 연구소가
뮌헨으로 자리를 옮겼다.

나는 이 연구소에서 카를과 한스-페터 뒤르와 함께 통일장 이론에 대한 물리적, 철학적 관점에 대해 토론하곤 했다.

• **한스-페터 뒤르**(Hans-Peter Dürr, 1929~) 핵물리학, 입자물리학과 중력에 관해 연구했으며 인식론과 철학에도 관심을 가졌다.

태초에
대칭성이 있었다.
무슨 말씀이죠?

나는 이것이
데모크리토스의 '태초에
입자가 있었다'라는
명제보다 옳다고
생각하지.

안녕하세요?

열심히 연구하고
있는지 보러
왔어요.
안녕하세요?

소립자는 플라톤의
『티마이오스』의
정다면체에 견줄 수
있을 거야.

문제는 태초에
있었던 대칭성이
아니라 우주의 발전
과정에 적용되는
규칙입니다.

그겁니다. 우주의
삼라만상이 어떻게
해서 대칭성으로부터
유래했는지 설명할 수
있어야겠지요.

요즘 젊은 사람들은 낱낱의 작은 문제에만 관심을 갖지, 그 낱낱의 사건을 묶을 커다란 연관성에는 관심이 없어요.

무슨 뜻이지?

예전에 젊은이들이 일식과 월식을 원과 주전원•의 중첩으로 계산해내는 것에만 만족할 뿐, 아리스타쿠스•의 지동설은 까맣게 잊고 지냈던 것과 같은 상황으로 보여요.

낱낱의 작은 일에 대한 관심은 결코 나쁜 것이 아니고 오히려 필요한 거예요.
요즘 젊은이들 사이에선 당신의 대칭성 연구 같은 커다란 연관성에 대해 거론하는 건 터부시되고 있어서 하는 말이에요.

여보, 터부란 것도 그것에 대해 언급하는 걸 금지하기 위해 있는 게 아니라, 사람들의 수다와 조롱에서 그것을 보호하기 위해 있는 거라오.

괴테도 이런 말을 했잖소.
아무에게나 말하지 말고 오로지 현인에게만 말하라, 많은 사람들은 그것을 조롱하기 때문에.
그러니 젊은이들의 태도를 탓하기만 할 필요는 없을 거요. 그리고 그들 중에는 커다란 연관성에 대해 깊이 생각하려는 소수가 반드시 있을 테니 말이오.

- **주전원**(epicycle) 어떤 회전하는 원의 둘레 위의 한 점을 중심으로 하여 회전하는 작은 원이 주어질 때, 그 작은 원을 일컫는 말. 주로 천문학에서 천체의 겉보기 운행을 기술하기 위해 사용된다.
- **아리스타쿠스**(BC 310~230년경) 그리스 천문학자이자 수학자로 지동설을 최초로 주장했다.

1958년 뮌헨 시 800주년
기념 행사장, 독일 박물관

1910년 아버지를
따라 뮌헨으로 온 후

막시밀리안
김나지움과

뮌헨대학

막스플랑크
연구소까지…
제게 뮌헨은
고향과 같은
곳입니다.
그리고 뮌헨의 아름다운
모습들은 제게는 너무나
소중한 추억입니다.

누가 뮌헨이란 이름을
듣고 자연과학의 냉정함을
떠올리겠습니까?

제게 뮌헨은 인생의
황금기를 보냈던
아름다운 곳으로
기억됩니다.

더군다나 뮌헨에서 시작된
나의 자연철학의 행보가
다시 뮌헨으로 돌아오게
되어 매우 기쁩니다.

1969년
나는 과학은 대화로부터
시작된다고 믿었다.

실제로 나의 삶을 되돌아보면 뮌헨대학 시절에는
조머펠트 교수, 파울리와의 대화가 있었고,

코펜하겐에서는 보어 선생과

괴팅겐에서는 보른과의 대화가 있었다.

라이프치히에서 교수생활을 할 때에는 블로흐,
란다우, 훈트와의 대화가 있었다.

전쟁 중에는 오토 한, 카를 프리드리히,

전후에는 파울리, 뒤러와의 대화를 통해
나의 과학은 진보하였다.

이들과의 대화를 기반으로 나는
자서전 『부분과 전체』를 집필했다.

그리고 다음 해인 1970년 연구소의
소장직을 그만두었다.

내가 마지막까지 입증하려고
노력했던 소립자의 통일장 이론은
끝내 완성하지 못했다.

『티마이오스』의
한 대목이 떠오른다.

"깊고 원초적인 일은 신만이 안다. 그리고 사람들 중에서는 그가 사랑하는 사람만이."

현대물리학의 최전선

하이젠베르크는 1958년 '세계공식(World Formula)'이라고 알려진 식을 만들어서 모든 소립자의 특성을 유도해내려고 했다. 일찍이 젊은 시절 플라톤의 『티마이오스』에 영감을 받아 양자론의 발전에 앞장섰고, 코펜하겐 해석이 양자역학의 공리로서 널리 인정받게 된 이후로는 자연현상의 근본적인 법칙이 대칭성이라는 믿음을 갖고 세계공식을 만들고자 했으나 결국은 실패했다. 평생의 친구이자 연구의 동반자였던 파울리마저도 외면한 공식이지만, 대칭성에 대한 하이젠베르크의 믿음은 현대물리학에 그대로 남아 있다.

1928년 디랙이 자신의 논문에서 양전자의 존재를 예측하고, 1932년 앤더슨이 양전자를 실험적으로 포착해내자, 물리학자들은 반물질의 존재와 자연법칙에 내재된 대칭성을 더욱 견고하게 믿게 되었다.

파울리도 대칭성에 대한 믿음이 있었기에 1954년 CPT 정리를 발표했다. CPT 정리는 어떤 물리적 계를 전하 대칭(Charge symmetry), 패리티(Parity)와 시간(Time)에 대해 변환시켰을 때 그 계에는 변환 이전의 물리법칙이 똑같이 적용된다는 내용을 담고 있다. 다시 말해서 전하 대칭은 전하의 종류만 바뀌는 경우로, 입자가 반입자로 또는 반입자가 입자로 바뀌는 변환을 의미한다. 패리티 변환은 물리적 계를 거울에 비추듯 공간을 반전시키는 것이며, 시간 변환은 시간을 거꾸로 되돌린 것이다.

1956년 양전닝과 리정다오가 베타 붕괴에서 P변환의 대칭성이 깨질 수 있다는 이론을 내놓았고, 이듬해 실험적으로 입증이 되어 두 사람은 노벨상을 받았다. 이후 파이온 중간자(π meson) 붕괴 현상에서 C변환의 대칭성 깨짐이, 케이온 중간자(K meson) 붕괴 현상에서 CP변환의 대칭성 깨짐이 실험적으로 확인되었다. 물리 법칙의 대칭성을 추구하는 물리학자들에게는 참으로 당황스러운 일이었다. 그러나 다행스럽게도 세 개의 변환을 모두 결합한 CPT변환의 대칭성은 깨지지 않는 것으로 밝혀졌다.

현대 입자물리학을 종합한 '표준모형'은 중력을 제외한 자연계의 기본 입자들(렙톤, 쿼크)과 그 입자들 사이의 상호작용(강한 상호작용, 약한 상호작용, 전자기 상호작용)을 다루는 이론이다. 표준모형은 CPT대칭성을 기본으로 삼고 있으며, 지난 40여 년 동안 거의 모든 입자물리 실험 결과들을 정확하게 예측한 매우 성공적인 이론이다.

그러나 이 표준모형이 설명할 수 없는 몇 가지 문제점이 있는데 그중 하나가 입자의 질량이다. 1961년 셸던 글래쇼(Sheldon Glashow, 1932~)가 전자기력과 약한 상호작용을 통합적으로 다룰 수 있는 게이지 이론을 만들면서 약한 상호작용을 매개하는 3개의 게이지 입자에 질량을 부여했다. 전자기력과 약한 상호작용을 하나로 묶는 데는 성공적이었지만, 문제는 게이지 입자의 질량이 물리 법칙이 가지고 있는 게이지 대칭성을 깨는 것이었는데 이를 해소하기 위한 것이 자발적 대칭성 깨짐(spontaneous symmetry breaking: SSB)이라는 개념을 도입한 힉스 메커니즘이다.

자발적 대칭성 깨짐의 아이디어는 1928년 하이젠베르크가 강자성(強磁性)을 설명하면서 처음 제안했다. 작은 원자 자석들로 이루어진 강자성 물질이 보통의 경우에는 원자 자석들이 임의의 방향을 향하고 있어서 전체적으로는 자성을 띠지 않는다. 이러한 상태는 특정한 방향성을 갖지 않으므로 방향에 관해서 대칭적이라고 할 수 있다. 하지만 온도를 점점 내리면 작은 원자 자석들은 열적 요동이 감소하면서 한 방향으로 정렬하게 되고, 마침내 가장 낮은 에너지 상태가 되면 전체가 모두 같은 방향이 된다. 이렇게 원자 자석들이 특정한 방향으로 정렬되면, 방향에 대한 대칭성이 깨진 것이다. 이때 원자 자석들이 택하는 방향은 전적으로 임의로 결정된다. 즉 온도가 높을 때나 낮을 때 모두 원자 자석의 방향을 결정하는 물리 법칙은 없다. 이렇게 물리 법칙 자체에는 대칭성이 남아 있지만 우리가 보는 현상에서만 대칭성이 깨지는 것을 자발적 대칭성 깨짐이라고 한다.

힉스 메커니즘은 이 세상 모든 공간에 힉스 장(field)이 가득 퍼져 있어서 기본 입자 및 게이지 입자와 상호작용을 한다는 이론이다. 힉스 장은 양자요동에 의해 기본 입자와 게이지 입자에 질량을 부여한다고 본다. 양자요동은 하이젠베르크의 불확정성 원리로 설명할 수 있다. 아무것도 없는 진공상태도 아주 짧은 찰나에는 전자와 양전자의 쌍생성에 의해 에너지가 높은 상태가 될 수 있고, 반대로 에너지가 높은 상태도 쌍소멸에 의해 에너지가 0인 상태로 바뀔 수 있다고 한다. 즉 힉스 메커니즘은 힉스 장이 퍼져 있는 공간의 진공에너지가 양자요동에 의해 0이 아닌 상수값을 갖는 순간 자발적 대칭성 깨짐에 의해 기본 입자와 게이지 입자들이 질량을 갖게 된다는 이론이다.

힉스 입자는 힉스 장의 양자적 상태를 이르는 말로 기본 입자와 게이지 입자에 질량을 부여하는 속성 때문에 '신의 입자'로 불린다. 2012년 7월 유럽입자물리연구소(CERN)에서 이론적으로만 예견되던 힉스 입자를 발견했다고 발표했다. 이것이 사실이라면 표준모형이 완성되는 셈이어서 세계의 물리학자들은 흥분했다. 그럼에도 물리학자들은 표준모형이 궁극의 이론이 될 수는 없을 것이라는 데 대체로 동의한다. 왜냐하면 표준모형이 제대로 설명하지 못하는 몇 가지 문제점들이 있기 때문인데, 예를 들면 자연계의 기본적인 힘 중 하나인 중력을 다룰 수 없다는 것과 현재 우주에 존재하는 물질이 반물질보다 많은 이유를 설명하지 못한다.

표준모형이 중력을 다룰 수 없는 한계는 일반상대성이론과 양자역학이 다루는 물리계의 스케일 차이에서 비롯된 불협화음 때문이었다. 이러한 문제점을 해결한 이론이 ‘끈이론’이다. 끈이론에서는 물질의 최소단위가 점입자라고 보는 표준모형과 달리 물질의 최소단위를 진동하는 고리형 끈으로 생각한다. 끈이론은 중력을 포함하는 데는 성공적이었지만 물질(페르미온)이 갖는 반정수 스핀(1/2)을 설명하지 못했다. 이 점을 보완한 것이 초대칭성(supersymmetry)인데, 자연계에 존재하는 모든 입자(보손)들은 자신과 스핀값이 1/2만큼 차이나는 짝을 가지고 있다는 내용을 담고 있다. 끈이론에 초대칭성의 개념을 도입한 것이 바로 ‘초끈이론’이다.

현대 물리학의 최전선은 자연현상의 모든 것을 설명해낼 이론(Theory of Everything, ToE: 모든 것의 이론)을 찾아내려는 노력으로 충만하다. 자연계의 기본적인 힘인 중력, 전자기력, 강한 상호작용, 약한 상호작용을 통합할 수 있는 하나의 이론을 찾아내기 위해 물리학자들은 대칭성에 대한 믿음의 끈을 놓지 않고 열심히 연구하고 있다.

쿼크 Quarks	u 업 쿼크	c 참 쿼크	t 탑 쿼크	g 글루온 쿼크	H 힉스 입자	
	d 다운 쿼크	s 스트레인지 쿼크	b 바텀 쿼크	γ 광자 쿼크		
렙톤(경입자) Leptons	e 전자	μ 뮤온	τ 타우온	Z Z 보손		힘을 매개하는 입자 Force Carriers
	ν_e 전자 중성미자	ν_μ 뮤온 중성미자	ν_τ 타우온 중성미자	W W 보손		

표준모형 이론의 기본 입자 표. 쿼크는 둘씩 짝(업–다운, 참–스트레인지, 탑–바텀)을 이룬다. 자연계에 존재하는 4가지 힘은 강한 상호작용(강력), 약한 상호작용(약력), 전자기 상호작용(전자기력), 중력이다. 이 힘들을 매개하는 입자는 각각 글루온(강력), W 보손과 Z 보손(약력), 광자(전자기력), 중력자(중력)이다. 표준모형은 약력과 전자기력을 통합하는 데는 성공적이었지만 강력과 중력은 통합하지 못했다.

부록

함께 읽으면 좋은 책

베르너 하이젠베르크 연보

찾아보기

베르너 하이젠베르크, 김용준 옮김, 『부분과 전체』, 지식산업사, 2011

양자역학이라는 새로운 개념을 만들어 가면서 경험했던 다양한 문제와 해결 과정을 기술한 자전적 회고록. 동시대를 살았던 과학자들과의 교류와 대화를 토대로 과학적 이론을 정립해 간 전 과정이 생생하게 기록되어 있어서 과학자의 삶과 생각을 엿볼 수 있는 좋은 책이다.

아르민 헤르만, 이필렬 옮김, 『하이젠베르크』, 한길사, 1997

인간 하이젠베르크의 전기를 담고 있는 책. 『부분과 전체』가 주로 과학자로서의 사고 과정과 철학에 초점이 맞추어져 있다면, 이 책은 저자가 제3자의 관점에서 하이젠베르크의 일대기를 서술하고 있기 때문에 하이젠베르크에 대한 정보를 제대로 알 수 있는 책이다. 절판되어 구하기 어렵지만 찾아서 일독할 만한 가치가 있는 책이다.

베르너 하이젠베르크, 구승회 옮김, 『물리학과 철학』, 온누리, 2011

양자역학과 상대성이론으로 대표되는 현대물리학은 인간의 감각으로 감지할 수 없는 세계에 대한 설명 체계를 필요로 했다. 경험할 수 있는 자연현상을 바탕으로 경험을 넘어서는 세계를 설명하는 과정에서 많은 인식론적 문제가 야기되었고, 이 과정에서 물리학자로서의 철학적 입장은 매우 중요하다는 것을 보여주는 책이다.

플라톤, 박종현 옮김, 『티마이오스』, 서광사, 2000

하이젠베르크가 어린 시절 읽고 감명을 받아 평생을 두고 계속 읽었다는 책으로, 그에게 자연관의 토대를 마련해 준 고전이다. 『티마이오스』는 플라톤의 대화편 중 하나로 물리학, 생물학, 천체학과 관련된 주제를 다루고 있다. 플라톤은 이 책에서 세계를 구성하는 요소로 물, 불, 공기, 흙을 이야기하고 있으나, 이것들보다 더 근원적인 것으로 수학적 대칭성을 지닌 기하학적 형태를 제시했다.

이종필, 『양자역학과 상대성이론을 넘어 신의 입자를 찾아서』, 마티, 2015

만물의 근원은 무엇인가라는 원초적 질문으로부터 신의 입자로 불리는 힉스 입자의 발견(?)까지를 시간 순으로 쉽게 설명하는 책이다. 현재의 시점에서 하이젠베르크가 전개했던 이론들에 대한 평가가 짧게 서술되어 있어서 하이젠베르크의 업적을 파악하는 데 도움이 될 것이다.

짐 배것, 박병철 옮김, 『퀀텀 스토리』, 반니, 2014

양자역학 100년의 역사를 정리한 책. 하이젠베르크의 업적을 제대로 이해하고자 한다면 함께 읽기를 권하는 바이다. 양자역학의 출발점부터 현대의 초끈이론까지 설명하고 있어서 물리적 배경지식이 다소 필요하기도 하지만 양자역학의 철학을 이해하는 데 도움이 된다.

EBS 다큐프라임 빛의 물리학 제작팀, 『빛의 물리학』, 해나무, 2014

빛을 중심으로 현대물리학의 양대 산맥인 상대성이론과 양자역학을 쉽게 설명한 책이다. 같은 이름의 TV 다큐멘터리는 시각적 자료의 구성이 눈에 띈다. 양자역학을 비롯한 현대물리학에 대해 좀더 감각적인 이해를 원한다면 추천한다.

박영대·정철현 글, 최재정·황기홍 그림, 『쿤의 과학혁명의 구조, 과학과 그 너머를 질문하다』, 작은길, 2015

대학 때 원서로 『과학혁명의 구조』를 읽으면서 꽤나 이해하기 어려웠던 기억이 난다. 그래서 교양만화로 출간된 이 책을 읽으면서 쿤의 개인적인 삶과 과학철학을 조금이나마 이해할 수 있어서 좋았다. 본문 '양자역학에 관한 대화들' 챕터에서 하이젠베르크와의 인터뷰 내용이 나오므로 하이젠베르크의 양자역학을 이해하는 데 도움을 받을 수 있다.

짐 오타비아니, 김소정 옮김, 『닐스 보어』, 푸른지식, 2015

양자역학의 아버지라 불리는 닐스 보어의 일대기를 그린 책. 하이젠베르크, 막스 보른과 함께 코펜하겐 해석을 만들어내는 과정이 잘 드러나 있으며, 특히 하이젠베르크와의 일화도 소개되어 있어서 그의 업적을 이해하는 데 한층 도움이 될 것이다.

1901년 12월 5일 독일 뷔르츠부르크에서 아버지 아우구스트 하이젠베르크(August Heisenberg)와 어머니 아니 베클라인(Annie Wecklein) 사이에서 둘째 아들로 태어났다.

1910년(9세) 1월, 아버지 아우구스트가 뮌헨 대학의 그리스 문헌학 교수로 임용되면서 뮌헨으로 이사했다.

1911년(10세) 9월, 외할아버지가 교장으로 재직하던 뮌헨의 막시밀리안 김나지움에 입학했다.

1914년(13세) 7월, 28일~1918년 11월 11일 제1차 세계대전이 일어났다.

1920년(19세) 10월, 뮌헨대학의 아르놀트 조머펠트(Arnold Sommerfeld) 교수 밑에서 이론물리학을 배우기 시작했다.

1922년(21세) 6월, 괴팅겐에서 네덜란드 물리학자 닐스 보어(Niels Bohr)와 처음 만났다.

1922~23년 겨울 괴팅겐대학의 막스 보른(Max Born)에게서 물리학을 배웠다.

1923년(22세) 뮌헨대학에서 물리학 박사학위를 받았다.

1924년(23세) 6월, 괴팅겐대학에서 막스 보른의 조수로서 공동연구를 하면서 교수 자격을 취득했다.

1924~25년 미국 록펠러 재단(Rockefeller Foundation)의 지원을 받아 덴마크 코펜하겐에 있는 보어 연구소에서 보어와 공동 연구를 수행했다.

1925년(24세) 7월 29일 「운동학적, 역학적 관계의 양자론적 해석」(Über quantentheoretische Umdeutung kinematischer und mechanischer Beziehungen)에 관한 연구 논문을 독일 「물리학회지」(Zeitschrift für Physik)에 실었다. 이 논문은 양자역학 형성 시기에 행렬역학의 시작을 알리는 첫 번째 논문이었다.

1927년(26세) 3월 23일 「양자론적 운동학과 역학의 알기 쉬운 내용」(Über den anschaulichen Inhalt der quantentheoretischen Kinematik und Mechanik)에 관한 연구 논문을 「물리학회지」에 제출했다. 하이젠베르크의 업적 중 가장 널리 알려진 '불확정성 원리'에 관한 내용을 담고 있다.

9월, 코모(Como) 학회에 참석하여 닐스 보어의 상보성 원리에 대한 발표를 들었다.

10월 1일 25세의 나이로 라이프치히대학의 이론물리학 정교수로 임명되었다. 독일 전역에서 최연소 교수였다.

10월 24~29일 막스 보른과 함께 양자역학의 완성을 알리기 위해 브뤼셀에서 열린 제5차 솔베이 회의 참가했다.

1929년(28세) 양자역학을 소개하기 위해 미국, 중국, 일본, 인도를 방문하여 강의했다.

1930년(29세) 11월, 뮌헨에서 부친이 별세했다.

1932년(31세) 5월, 제임스 채드윅의 연구 논문 「중성자의 존재」가 「런던 왕립학회 회보」(Proceedings of the Royal Society of London)에 제출되었다.

7월, 원자핵의 중성자-양성자 모형을 제안한 하이젠베르크의 논문이 독일 「물리학회지」에 발표되었다.

1933년(32세) 1월 30일 히틀러가 제국 수상으로 임명되었다.

11월 3일 베를린에서 물리학회 기념회의가 열리고 하이젠베르크가 막스 플랑크 메달을 수상했다.

12월 10일 스톡홀름에서 1932년의 노벨물리학상을 수상했다.

1936년(35세) 1월 29일 나치가 신문을 통해 하이젠베르크를 비롯한 이론물리학자들을 비난했다.

1937년(36세) 4월 29일 엘리자베트 슈마허와 결혼했다.

7월, 나치 친위대인 '검은 부대'(Schutzstaffe)가 하이젠베르크를 '백색 유대인'(white jews)이라고 격렬하게 공격했다.

1938년(37세) 12월 19~20일 오토 한과 프리츠 슈트라스만(Fritz Strassmann)이 우라늄 핵분열을 발견했다.

1939년(38세) 9월 1일 제2차 세계대전이 일어났다.

1941년(40세) 9월 말, 물리학 강의를 하기 위해 독일군 점령하의 코펜하겐을 방문하여 닐스 보어와 만났다.

1942년(41세) 2월 26~27일 베를린에서 '우라늄 분열로부터의 에너지 확보'라는 주제의 강연을 했다.

6월 4일 하르나크-하우스에서 열린 신무기에 관한 알베르트 슈페어와의 비밀회의에 참석했다.

7월 1일 카이저 빌헬름 물리학 연구소가 카이저 빌헬름 협회에 반환되고, 하이젠베르크가 연구소 소장으로 임명되었다.

10월 1일 베를린대학 정교수로 임명되었다.

12월 2일 미국 시카고에서 페르미가 고안한 원자로가 가동 단계에 들어갔다.

1945년(44세) 4월 30일 아돌프 히틀러가 자살했다.

5월 3일 하이젠베르크가 미국의 보리스 패시 대령에 의해 체포되어 구금이 시작되었다.

5월 7일 독일군이 무조건 항복했다. 미국이 일본 히로시마(8월 6일)와 나가사키(8월 8일) 상공에서 핵폭탄을 투하했다.

1946년(45세) 1월 3일 독일 핵물리학자들에 대한 구금이 끝나 독일로 귀환했다. 하이젠베르크는 카이저 빌헬름 연구소의 소장직을 맡았다.

1949년(48세) 3월 3일 '독일 연구협의회'(Deutscher Forschungsrat)가 창설되었다. 하이젠베르크가 이곳의 의장으로 선출되었다.

1951년(50세) 1월 17일 보조협회와 독일 연구협의회의 공동회의에서 두 단체의 통합이 결정되어, 8월 2일 '독일연구협회'(DFG: Deutsche Forschungs Gemeinschaft)가 발족했다.

1952년(51세) 2월, 유럽 핵연구센터(CERN)가 설립되었다. 2월 29일 독일연구협회가 원자물리학 위원회를 만들고 하이젠베르크를 의장으로 선출했다.

1953년(52세) 12월 10일 알렉산더 폰 훔볼트 재단이 재건되면서 하이젠베르크가 이사장으로 임명되었다.

1957년(56세) 4월 12일 독일 수상인 아데나워의 전략적 핵무기 수용에 반대하는 '괴팅겐 18인' 선언에 참여했다.

1958년(57세) 1월 25일 가족이 괴팅겐에서 뮌헨으로 이사했다.

2월 24일 괴팅겐 대학의 물리학 학회에서 '소립자의 통일장 이론'에 대해서 강연했다.

4월 25일 베를린에서 막스 플랑크 탄생 100주년을 기념하는 강연을 했다.

6월 14일 뮌헨 시의 800주년 기념제를 위한 기념 강연을 했다.

12월 15일 볼프강 파울리가 취리히에서 사망했다.

1970년(69세) 12월 17일 막스 플랑크 물리학 및 천체물리학 연구소의 업무 진행 소장에서 은퇴했다.

1976년(75세) 2월 1일 뮌헨에 있는 자택에서 신장암으로 별세했다.

하이젠베르크의 양자역학

불확정성의 과학을 열다

2016년 4월 2일 초판 1쇄 펴냄
2017년 4월 3일 초판 2쇄 펴냄

지은이 이옥수 | 그린이 정윤채

펴낸이 최지영 | 펴낸곳 작은길출판사 | 출판등록 2011년 10월 25일 제25100-2014-000022호
주소 서울 노원구 덕릉로79길 23 103-1409 | 전화 02-996-9430 | 팩스 0303-3444-9430
전자우편 jhagungheel@naver.com | 블로그 jhagungheel.blog.me
페이스북페이지 www.facebook.com/jhagungheel

ISBN 978-89-98066-17-8 04420
ISBN 978-89-98066-13-0 (세트)